川辺川の詩

尺鮎の涙

岐部明廣編著

海鳥社

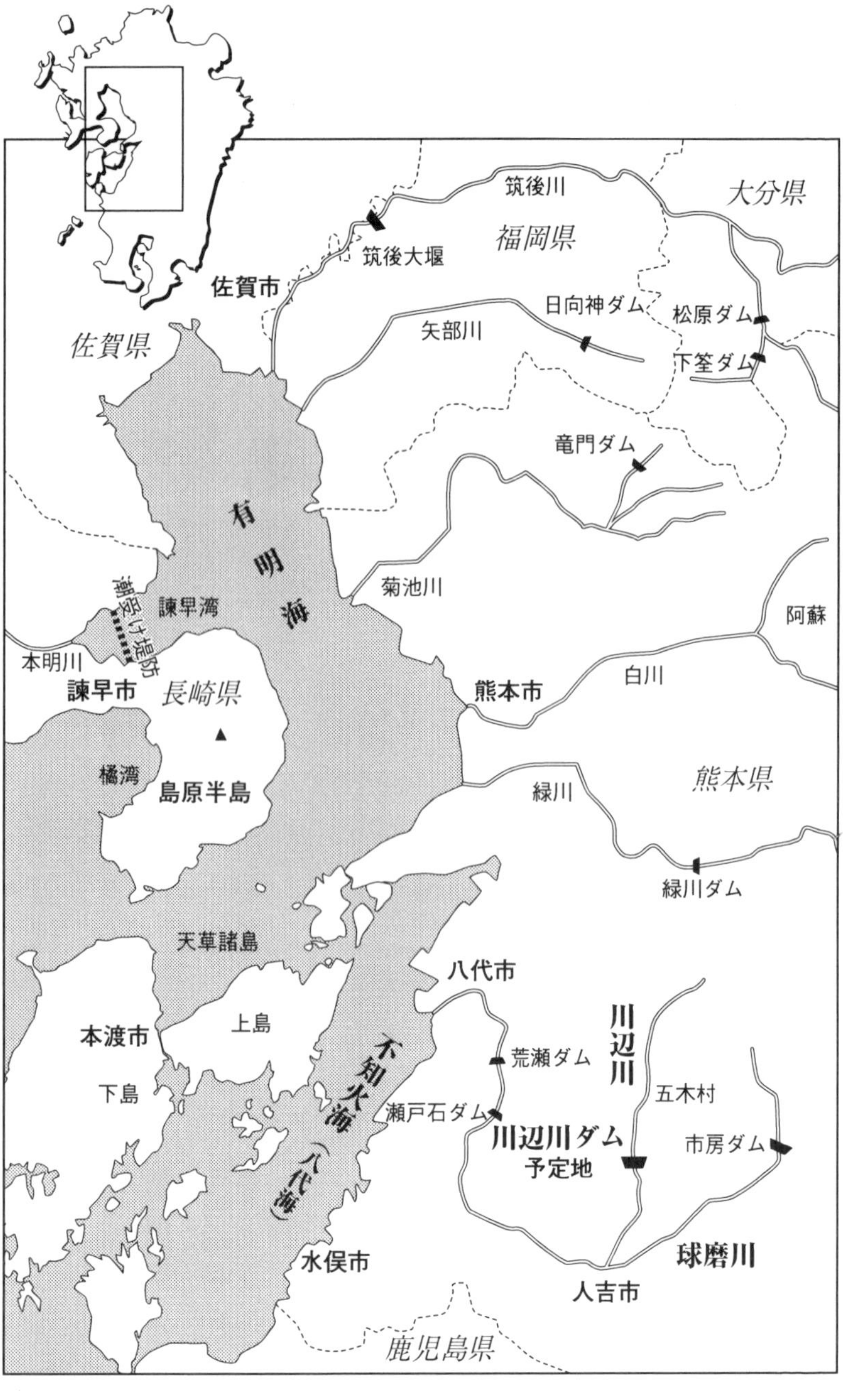

筑後川
大分県
福岡県
筑後大堰
佐賀市
日向神ダム
松原ダム
佐賀県
矢部川
下筌ダム
竜門ダム
有明海
菊池川
阿蘇
潮受け堤防
諫早湾
本明川
白川
諫早市
長崎県
熊本市
橘湾
島原半島
熊本県
緑川
緑川ダム
天草諸島
八代市
上島
本渡市
川辺川
荒瀬ダム
下島
不知火海（八代海）
五木村
瀬戸石ダム
川辺川ダム
予定地
市房ダム
水俣市
球磨川
人吉市
鹿児島県

川辺川周辺図

川辺川。相良村めぐり観音付近

川辺川。上、　相良村めぐり観音付近。下、相良村柳瀬橋上流より

球磨川。上・下ともに人吉市水の手橋付近より

球磨川。上、水の手橋より。下・左頁、球磨郡球磨村渡付近

球磨川。上・左頁ともに球磨郡球磨村渡付近

「天国と地獄」富田恵喜（人吉市九日町）作画、これは、氏が球磨川下りの会社を辞められる時に描かれたものです。本文166頁参照

はじめに

川辺川ダム本体工事を阻止するには、住民投票が最後の手段と考えていた矢先、平成十三年二月に藤原宏先生、高瀬清春、村上恵一両市会議員の三人が、私が勤務する病院を訪れ、住民投票条例請求の代表者の一人になってほしいと言われました。私はその場で快諾いたしました。

それから市民の啓蒙と、市民の心の奥にとじめられた本心を目覚めさせることを目的に、二十二編の詩を「人吉新聞」及び「週刊ひとよし」に投稿しました。その詩を中心に、郷土を愛しダム建設に疑問をもっておられる多くの人々の言葉を加えて、住民投票を求めた活動を、私なりにまとめましたのが本書です。

この署名活動をしながら、いかに川辺川ダムは地域住民のために造られていないかということを改めて確信しました。この事実を全国の人々にも知ってほしいと思います。

小泉純一郎首相は、構造改革なくして未来はない、とおっしゃっていますが、川辺川ダムは、現在の日本が抱える多くの問題を含んでいます。

公共性に比べて、損失があまりに甚大な事業であるということは、地元の人は誰でも知っていることですが、公共事業の経済効果を訴える地元首長、地場産業の人たちに反対しにくい社会構造になっているようです。国も地方も一体となって、構造改革をすすめる必要があると痛感します。川辺川ダム建設の見直しが、小泉内閣の構造改革の第一歩になってほしいと切に願っています。

最後に「人吉新聞」及び「週刊ひとよし」に、お礼申し上げます。とりわけ「週刊ひとよし」を発行している人吉中央出版社の伊勢戸明代表には、心より敬意を表します。

二〇〇二年一月二十日

岐部明廣

川辺川の詩◉目次

第一章　川辺川の詩

第二章 あなたは信じますか

第三章 歪められた民意

第四章 「いまさら」か「いまから」なのか

第一章

川辺川の詩

川辺川の詩《うた》

ごぞんじですか
　あの美しい川辺川を

涼しい風が川面をかけぬけ
アオハダトンボが風に浮かぶ
冷たい川に尺鮎が水を切る

ごぞんじですか
　あの清らかな川辺川を

青空から微風がそよぎ
清らかな流れは瀬音を生む
若者たちのカヌーが水を切る

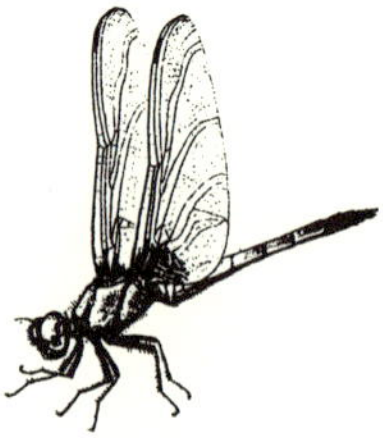

ごぞんじですか
　あの美しい川辺川を

いっしょに行きましょう
　いとしいかたよ
ふたりで歩きましょう
　愛しい人よ
みんなで泳ぎましょう
　優しい人たちよ

ごぞんじですか
　あの美しい川辺川が

今、消えそうに
なっていることを

無限の癒し

自然の美しさを
見つめていると
生命のある限り
生き抜こうとする力を
発見できる
潮の満ち引き
たえまなく流れてくる川の水
遠くつづく
アルプスの峰々
それらを見つめていると
何か無限の癒しが
存在するようだ

地球を傷つけることは
人間の精神を
傷つけることにほかならない
地球を癒すことは
人間の精神を
癒すことと同じだ

自然の美しさのなかに
自然の摂理のなかに
無限の癒しがある

美しい自然を守れない
人間にとって
自然の摂理に逆らう
人間にとって
真の癒しは
訪れないだろう

水は生命と文化の基

太古の昔から川は人々の生命の源
人類がつくってきた都市の多くは河川のほとりにある
世界の五大文明も大河の流域に栄えた
水は生命と文化の基である
人吉にも悠々と流れる球磨川の岸辺に栄え
いまも相良藩八百年の文化の一端が残っている

球磨川は人吉の文化の基であり
球磨川なくして人吉は語れない
球磨川を大切にし、その水を尊ぶことが
私達の責任と義務でないだろうか
球磨川の水が涸れることは
人吉文化の衰退を意味し人吉の繁栄はない

校歌に記されている球磨川

人吉の学校の校歌は、清流球磨川が必ず登場し、昔からながく小学生、中学生そして高校生に歌い継がれています。義父も、妻も、子供たちも歌い継いでいます。

清流球磨川なくして人吉の文化は語れないのです。

人吉東小学校校歌（二節）

犬童球渓　作詞・作曲

昼夜をおかずそうそうと
流れてやまぬ球磨川を
登る若鮎のそれのごと
不断の向上知るか君

人吉第一中学校校歌（一節）

作詞　山口白洋

霧たちのぼる球磨川の
流れに映ゆる夕紅葉
真理の光もとめつつ
励む第一中学の
われらに若き生命おどれり

人吉高校校歌（一節）

作詞　北村英明

清流球磨の水のごと清しき
心みがかんとここに集まる
われら若人いざ生命の賛歌
わが人吉高校に栄えあれ

旧制人吉中学校校歌（二節と三節）

作詞　八波則吉

球磨の急流滔々と
早瀬を走り岩を噛み
進みて止まぬ姿こそ
鶴嘴握り槌を振り
汗を惜しまぬ若人が
忍苦の意気にさも似たれ

繊月城址霧はれて
氷輪照らす木山淵
山紫水明これぞこれ
偉人出づべき霊地なる
あゝ人中の健男児
前途の幸に気負わずや

球磨川死んで鮎が泣く

川辺川死んで
　球磨川死ぬ
球磨川死んで人吉死ぬ
球磨川死んで誰が泣く
球磨川死んで父も泣く
　母も泣く
球磨川死んで子も泣く
　孫も泣く
球磨川死んで鮎も泣く
球磨川死んで
　八代の海も泣く
球磨川死んで私も泣く

昔の球磨川は
　水多かった
昔の球磨川は
　美しかった
昔の球磨川は
　鮎の臓腑《はらわた》草色だった
昔の球磨川は
　よかったばいと
　皆が教えてくれる

私達は市房ダムと
　生活排水で
　球磨川を苦しめている
私達は川辺川ダムで
　球磨川のとどめ（止）
　を刺そうとしている

私は球磨川を
　殺したくない
隣りのおじさんも
　おばさんも球磨川を
　殺したくないと言っている
子も孫も球磨川を
　助けてと言っている
人吉の皆が球磨川を
　殺したくないと
　言っている

それなのに
　私達は
　球磨川を
　助けようとしない
それなのに
　私達は

球磨川を
殺そうとしている
球磨川死んで皆が泣く

付記
この詩が、住民投票の活動のために、市民の心の奥に閉じこめられた本心を目覚めさせようとして、「人吉新聞」へ投稿した第一作です。
人吉市民は、多くの人が本心ではダムはいらないと思いながら、多くのしがらみの中で、自分の本心を固く心の奥に閉じこめているように感じました。

緑のダム

多くの川の源流は森にある
森の木々は大地に深く根をはり
木の葉や木の実は動物の餌となり
朽ち落ちて大地を肥やし
雨水をたくわえて
　貯水池の役目を果たし
ゆっくり水を吐き出して
　河川を安定させ土壌を守る
そして河川は川魚を育む
水は川から海に流れてプランクトンを養い
海の魚類の食糧を供給する。

つまり、森林は緑のダムの役割を果たし

木々の切りすぎは洪水となり
人工のダムは川を涸らせ
川が涸れれば海が死ぬ理屈はそこにある。

自然の摂理に逆らうと
　とんだしっぺ返しにあう
我々は自然に畏敬の念をもつべきだろう
もうアメリカやヨーロッパでは
　治水目的のダムはつくらない
それどころか壊しているのだ
我々も自然の摂理に従おう

今こそダム以外の治水を考える時だ
まだ遅くはない
その方法は充分に有る。

治水考

ダム以外の治水の方法としては次の方法があります。

①水害防備林の造成
②高規格堤防（いわゆるスーパー堤防）
③遊水池による洪水調節
④河床堀削（一〇センチ）
⑤内水排除施設（ポンプ）
⑥水害常襲集落に対する家屋地盤の嵩上げ
⑦緑のダム（森林の育成）

これらの方法を組み合わせると自然を破壊することなく、私たち地域住民の納得した結論に達すると確信します。

昭和三十年代に、北九州や大牟田の三池などの炭鉱の坑木として、森は伐採され禿山となり、緑のダムの役割は低下し、昭和三十八、三十九、四十年と三年連続し川辺川の水害が起こっています。これが川辺川ダム計画の契機となったのです。しかし、これ以来河川改修は続けられました。その一例として、人吉市矢黒地区では、昭和四十一年から四十三年に川幅が約二倍近くに拡張されました。この改修工事は、人吉市街地の治水に大きく貢献しています。さらに最近のデータは、緑のダムの回復を示しています。

その結果、平成七年七月の記録的な豪雨（流域平均二日間雨量四四七ミリ）でさえも、洪水を起こさなかったのですから、川辺川ダムのような巨大ダムは、時代錯誤と思います。

さらに、最近、部分的な堤防の嵩上げなど約七十億円の工事で大洪水は防げるとする報告書さえあります（川辺川研究会）。

川辺川研究会がまとめた報告書を読んだ毎日新聞記者・福岡賢正氏は、「この報告書が正当に評価されれば、川辺川ダムは必ず止まる。そう確信した」と平成十三年十一月九日の「毎日新聞」に述べておられます。

福岡氏によれば、国の水資源開発審議会会長を務めた高橋裕東大名誉教授も「この報告書は高く評価します」と話されたそうです。この記事は私たちに大きな勇気を与えてくれました。

いずれにしても「初めからダム有りき」ではなく、地域住民の納得した治水計画をお願いしたいものです。

ダムができて

ダムができて
高瀬川は涸れた
大井川も涸れた
梓川下流も涸れた
そして球磨川も涸れるだろう

ダムができて
鮎は減った
渓流トンボも減った
カゲロウもウナギも減った
そして人吉の観光客も減るだろう

ダムができて

杉安峡は寂れた
大川村も寂れた
徳山村も寂れた
そして人吉も寂れるだろう

ダムができて
瀬も淵も消え
川下りも消え
ラフティングも消え
そして人吉の街の活気も消えるだろう

出し平ダムができて
ヘドロを流し
黒部川のイワナもヤマメも死んだ
富山湾のワカメも死んだ
漁師は泣いた
そして八代海も同じ事がおこるだろう

ダムができて
大惨事がおきた
イタリアのバイオントダムは
地震にあい三〇〇〇人が死んだ
アメリカのティートンダムや
フランスのマルパッセダムは決壊し
大洪水をおこし大勢が死んだ
そして川辺川ダムも大惨事を
おこすかもしれないだろう

ダムができて
農家の負担は増え
県民税も増え
地方財政を圧迫し
国の借金も増えた
そして
そんなはずでなかっと悔やむだろう

ダムができて
十年たち
十五年たち
二十年たち
そしてダムができる前はよかったと
皆が悔やむだろう

ダムは生態系破壊――ダム撤去の神様・バビット前米国内務長官に聞く

――ダムをつくり続けてきた米国でなぜ撤去なのですか。

「米国ではダムは進歩の象徴という文化を築いてきた。国内のほとんどすべての川に七万五〇〇〇以上のダムがつくられている。それが、サケなど川を溯上する魚の生態にかなり大きなダメージを与える。そうした破壊度に比べて、ダムからの利益は非常にわずかなものとわかった」

――ダムで洪水は防げますか。上流にダムのあるミシシッピ川で起きた大洪水をみると、効果がないように見えます。

「その通りだ。洪水の制御には頭を悩ましてきた。洪水に備えるにはダムを空にしておかなくてはならない。ところがダム湖の水位を下げると、景観が壊れるからダメだと住民に反対される。米国のダムの多くはレクリエーション目的だという事情もある」

――ダム撤去は大きな流れといえますか

「いまは形が整いつつある状況だ。時間がたつにつれ勢いを増してくる。日本を含めた先進国ではそう遠くないうちに撤去の動きが広まるだろう。途上国ではダムを最初からつくらない。そうした原則論が必要だ」

（「朝日新聞」平成十三年五月二十一日より抜粋）

付記

市房ダムでも、川辺川ダムでも、利水・発電の目的があるため、ダムを空にはできない。いずれ砂も溜まる。砂も溜まりその上に利水のための多くの水を貯めたダムは、八十～一〇〇年に一回くらいの大雨のときは、かえって大洪水の原因になるかもしれません。ダムは壊れる危険性もあるし、非常放水の危険性もあるのです。地震もあるかもしれません。八十年に一度の大雨と同じように、どんな天災が起こるかは誰も予知できないのです。ダムが決壊したときの大惨事は、想像するだけで恐ろしくなります。

悲しいのです

悲しいのです
川の死んでしまうのが

七夕にオリオン座の輝くような
入道雲より雪の降るような
夏から春がすぐ来るような
そんな不自然なんて

悲しいのです
川の水が涸れてしまうのが

水がなくなり
球磨川の川面に朝霧がないような

球磨川に鮎つる人の姿がないような
客をのせた川下りの舟のないような
そんな球磨川の風景なんて

悲しいのです
川の死んでしまうのが

付記
清流、高瀬川（長野県安曇郡）は、高瀬ダムができてから川の水は涸れてきています。
私は高村光太郎の『智恵子抄』の愛読者です。

悲しい思い

人吉市温泉町　高山菊江

なぜ自然を大切にしなければならないのでしょうか。人間は、自然に支えられなければ生きていけないからだと考えます。

水の美しい川辺川や、五木の自然は、今こわされようとしているのを見る時、悲しい思いをします。

子や孫たちの時代になっても、豊かな自然の中で、生き生きと暮らしてほしいと願っています。

住民投票運動は私にとって、自然に対する考えを、より深いものにさせてくれたように思います。

いつか自然が大好きな岐部先生ご夫婦と、五木・川辺川を歩いてみたいと思います。

住民投票で私たちの真意を

人吉市民の皆様へお願い

獣医師　人吉市鬼木町　工藤益雄
医　師　人吉市蓑野町　岐部明廣
会社役員　人吉市下林町　高山菊江
作　家　人吉市田野　前田一洋
画　家　人吉市浪床町　坂本福治
医　師　人吉市願成寺町　竹田卓哉
医　師　人吉市西間上町　瀬戸致行
郷土史家　人吉市西間上町　鶴上寛治

拝啓

今年は天候が特に不順なように思われますが、皆様いかがお過ごしでしょうか。

さてすでに、テレビや新聞の報道でご承知と存じますが、私どもは今回「川辺川ダム本体着工」について皆様の確かなご意見をお聞きしたいと、「住民投票条例制定の請求」を予定致しました。

川辺川ダムは、昭和四十一年に「治水ダム」として建設計画が発表され、次いで昭和四十三年、洪水調節・灌漑・発電・流量正常機能の維持を目的とする「多目的ダム」に計画を変更、以後三十五年の間さまざまな経緯を経て今日に至りましたが、このダムが漁業や農業だけでなく、河川の汚濁をはじめ自然環境の破壊による観光・歴史・文化或いは暮らしの上に、取り返しがつかない重大な影響を及ぼすのではないか、という不安が生まれ、国が提示した「漁業権補償金を球磨川漁協総代会が否決」したこと等により、市民の関心が一段と高くなってきました。

人吉市は福永市長さんが、球磨郡の町村長さんの要請を受け、市議会にも相談の上、ダム促進協議会長に就任されましたが、永い年月の間に状況はすっかり変わってきているように思われます。私たちはこのことを、市長さんに直接お会いしてお話申し上げ、ダムに対するお考えを変えていただくようお願いしましたが、就任時からの事情、市長として強い決断によってダム促進を推進してきた立場から、とても即断できることではないと表明され、「皆さんの投票条例制定運動を粛々と進めて下さい」と応答されました。

漁業権の「強制収用はしない。話し合いで」と知事も、国土交通省も言っています。しかし三十五年たってもできなかったことですから、話し合いはとても難しいと思います。

ここで住民投票によって、市民の意向を確認し、この結果によって市の方向を決定していただければ、市民も十分納得するのではないでしょうか。市長さんも市会議員さんも、むしろこれを待っておられるのでは？　と私たちは期待しています。

住民投票は、ダム反対運動でも、そして賛成運動でもありません。永い間の様々なしが

らみの中で自分の意見が出せなかった人も、無記名で市民投票で人に知られることなく、賛成か反対かを表明できる唯一の手段であり機会になると存じます。

以上私たちの考え方をすなおに、虚心に申し上げました。

どうぞ住民投票の実施にご賛同いただき、そのための署名運動に全面的なご協力を賜りますよう懇願致します。

敬具

住民投票で私たちの真意を

人吉市民の皆様へお願い

人吉市鬼木町	工藤 益雄	獣医師		人吉市浪床町	坂本 福治	画家
人吉市貢野町	岐部 明廣	医師		人吉市願成寺町	竹田 卓哉	医師
人吉市下林町	高山 菊江	会社役員		人吉市西間上町	瀬戸 致行	医師
人吉市田野	前田 一洋	作家		人吉市西間上町	鶴上 寛治	郷土史家

拝啓

今年は天候が特に不順のように思われますが、皆様いかがお過ごしでしょうか。

さてすでに、テレビや新聞の報道でご承知と存じますが、私どもは今回「川辺川ダム本体着工」について皆様の確かなご意見をお聞きしたいと、「住民投票条例制定の請求」を予定致しました。

川辺川ダムは、昭和41年に「治水ダム」として建設計画が発表され、次いで昭和43年、洪水調節・灌漑・発電・流量正常機能の維持を目的とする「多目的ダム」に計画を変更、以後35年の間さまざまな経緯を経て今日に至りましたが、このダムが漁業や農業だけでなく、河川の汚濁をはじめ自然環境の破壊による観光・歴史・文化或いは暮らしの上に、取り返しがつかない重大な影響を及ぼすのではないか、という不安が生まれ、国が提示した「漁業権補償金を球磨川漁協総代会が否決」したこと等により、市民の関心が一段と高くなってきました。

人吉市は福永市長さんが、球磨郡の町村長さんの要請を受け、市議会にも相談の上、ダム促進協議会長に就任されましたが、永い年月の間に状況はすっかり変わってきているように思われます。私たちはこのことを、市長さんに直接お会いしてお話申し上げ、ダムに対するお考えを変えていただくようお願いしましたが、就任時からの事情、市長として強い決断によってダム促進を推進してきた立場から、とても判断できることではないと表明され、「皆さんの投票条例制定運動を粛々と進めて下さい」と応答されました。

漁業権の「強制収用はしない、話し合いで」と知事も、国土交通省も言っています。しかし35年たってもできなかったことですから、話し合いはとても難しいと思います。

ここで住民投票によって、市民の意向を確認し、この結果によって市の方向を決定していただけば、市民も十分納得するのではないでしょうか。市長さんも市会議員さんも、むしろこれを待っておられるのでは？　と私たちは期待しています。

住民投票は、ダム反対運動でも、そして賛成運動でもありません。永い間の様々なしがらみの中で自分の意見が出せなかった人も、無記名で市民投票で人に知られることなく、賛成か反対かを表明できる唯一の手段であり機会になると存じます。

以上私たちの考え方をすなおに、虚心に申し上げました。

どうぞ住民投票の実施にご賛同いただき、そのための署名運動に全面的なご協力を賜りますよう懇願致します。

敬具

住民投票条例制定を呼びかける

住民投票運動のシンボルの河童。坂本福治さん（人吉市浪床町）の作画

帰らぬ美しい川

我を知る者は
　我が心憂うと言う
我を知らざる者は
　我何をか求むると言う
悠悠たる蒼天
　此れ何人ぞや

私を知っている者は
「ダムが出来るのを
悲しんだとて仕方ないでしょう」と言い
私を知らぬ者は
「何を求めて住民投票の
ために頑張るのか」と言う

市長さんを恨むでなし　議長さんを怨むでなし
あの議員さんを恨むでなし
無関心の人を嘆くでなし
本心言わぬ人を嘆くでなし

だが、いったん
コンクリートのダムが出来たら
美しい自然は帰らない
美しい川は帰らない
このことは誰もが承知している
なのに何故……なのにどうして……

ああ、天にましょます神よ
これはいったい誰のしわざなのです

付記
その昔、美しい郷土が荒らされていくのを、王風も嘆き悲しみました。

昔の球磨川

人吉市九日町　**益田啓三**

最近ある古い写真を見せてもらう機会がありました。昭和十二年に複葉の水上飛行機が球磨川の木山の淵近くに着水している様子です。

当時は、現在と比較していかに水量が豊かで、ゆったりとした流れに木山の森が影を落としていたことでしょう。これから先、七十年後は、どうなっているか確かめるすべも有りませんが、ただこれ以上、球磨・人吉の宝である自然を壊してほしくないものです。

付記

益田啓三氏をはじめ多くの人吉市民は、球磨川の水量の減少の最大の原因は、市房ダムだと言っています。ダムが水量を減らすことは、衆知の事実です。

旧制人中の校歌に「球磨の急流滔々と／早瀬を走り岩を噛み」と歌われたように、昔の球磨川の水量は豊かだったようです。

故郷の川を守れ――落ち鮎の季節を迎えて

人吉市出身、和歌山県御坊市　宮原一典

秋の気配が感じられ、川では大きく成長した鮎たちが産卵のため、本能的に群を作り川を下り始めます。私たちはこの鮎を「落ち鮎」と呼んでいます。日本の季節にかかわる鮎の呼び名として、昔から親しまれてきた鮎名でもあります。

昭和二十年代、この季節の球磨川、水の手橋の欄干越しに群れて移動する鮎たちめがけて投げ網を打つ大人たちや、立ち止まって歓声をあげる通行人たちの熱気の中を、道草しながら学校から帰っていた頃の思い出が、鮎の匂いと共に脳裏に浮かびます。

私が今住んでいる和歌山県の中ほどにある日高川でも、この落ち鮎の時期になると、川には大勢の釣り人の竿を振る姿が見られました。日本の川でしか見られない風物詩です。私もその中の一人で、足繁く通った昭和四十年代後半頃の日高川を思い出します。

この川の春は、河口近くの海で冬を越した鮎の稚魚たちが、我先にと群をなし、狭い魚道を溯上する健気な姿が見られます。夏には、スイカのような鮎の匂いを漂わせる川に鮎のほかハエ、イダ、ウナギ、カマツカ、ヘソガマンなど、子供のころからの馴染み深い魚たちの息吹に溢れていました。

晩秋になり川を下り河口にたどり着いた落ち鮎たちは、川面を染めるほどに浅瀬の砂利に群れ集まって産卵活動をするさまは、自然への畏敬の念さえ覚えるほど、感動を覚えたものでした。

この日高川も昭和六十三年、治水という目的で、中流域にダムが建設されました。反対運動もありましたが、道路がよくなる、観光開発が飛躍的に伸びる等々、輝かしい希望を抱かせる風評に押しまくられ、いつしかダム建設の槌音を大きくし、三年も経たないうちに巨大なダムが出現しました。この時、ダム建設と稚鮎の溯上の関係を、日高川漁業共同組合で調査した報告によると、河口から二キロ上流にある魚道を溯上する天然稚漁数は、ダム建設以前において約千三百万匹、ダム建設完成五年後では約三十万匹、実に四十分の一に激減していました。

溯上が激減した原因としては、ダムから流れ出る水量水質があげられます。渇水時においては川底を腐らせ、増水による濁りで、ダム下流では長時間、濁りがとれず、そのため鮎の餌となる珪藻類の成長を妨げているなど、川の生態系に大きく影響していることが明らかになっています。また、海への影響として日高川河口近くのアワビ、サザエの漁場では、ダム建設以降、漁獲量の激減が地元新聞で取り上げられました。

ダム建設後の日高川には、鮎の育苗センターで人工的に育てた稚鮎を、天然溯上数を補うため、毎年春、約四百万尾程度放流していますが、秋になっても成魚の形は小さく、そして虚弱であり、野性味溢れる天然鮎は望めない川になってしまいました。

釣り仲間たちは、僅か十五年前の日高川の水の清らかさと豊かな魚たちの息吹に満ちていた思い出を懐かしみながら、決して元にはもどらない川を、今は嘆いています。

川の大切さを願う人たち、鮎釣りをこよなく愛する仲間たちは、川辺川ダム建設に重大な関心を持っています。

日本三大急流の一つだと、故郷の川を誇らしげに語っていた同窓仲間や未来の子どもたちに、清流で育つ鮎をぜひぜひ残して下さい。(「週刊ひとよし」平成十三年九月十六日)

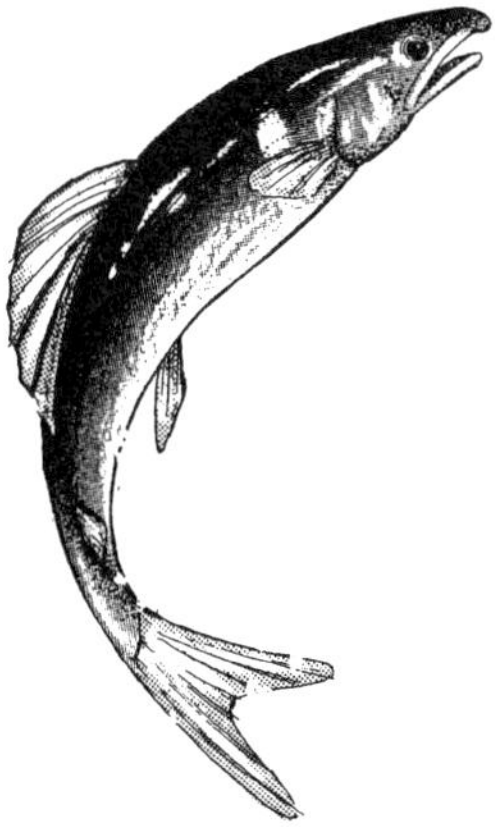

これだけの鮎を育む川はよほどの川

大分市　川上克彦

ご無沙汰しています。先日はお便りありがとうございました。先生からの年賀状の川辺川の写真を見てお便りする次第です。川辺川ダム建設問題が報道され始め、関心を持って三年ぐらいになりますが、昨年の夏過ぎごろだったでしょうか、地元の反対住民の集会のテレビ放映に先生の姿を見出しました。さすが岐部先生だ、頑張っているなと感心すると同時に応援のエールを送りたいと思っていました。

実は、僕は育った環境のせいでしょうか鮎には強い思い入れがあって、故郷の島根の鮎にも愛着を持っています。九州厚生年金病院時代にも時々日田の三隈から筑後川や宮崎の五ヶ瀬川、山口県の川で鮎つりを楽しみました。大阪回生病院時代には、昔の仲間のいろいろな業種の人々と岐阜の馬瀬川（長良川の支流）、根尾川、和歌山の日置川（この川は特に美しく河口の原発建設計画も地域住民の強い反対運動によって中止されました）、吉野川、兵庫県の千種川、揖保川などへ度々足を運びました。

二〇〇〇年の秋頃、新聞報道に「川辺川を守りたい女性たちの会」の記事を見てカンパを送ると同時に鮎発送の依頼もしました。届いた鮎は小さなクラスのものでも随分と大きく身幅が厚い立派なものでした。口に入れれば味も濃く香り高い逸品でした。これだけの鮎を育む河川はよほどの川であろうと直感しました。昨年も我が家は勿論、知人や親戚にも送り好評でした。
大分へ来てからはもう鮎釣りをしていませんが、きれいな川には心惹かれます。春が過ぎ鮎が溯上するころに一度川辺川を見に訪れてみたいものと思っています。医療経済改革とやらで大変な時代を迎えていますが、川辺川を守る運動も頑張って下さい。

付記
川辺川の清冽な流れが育てた鮎は、時には一尺（約三〇センチ）にもなり、「尺鮎」と呼ばれます。香り、味、すべて揃ったこの尺鮎は熊本県民の宝です。清流川辺川は今、ダム建設で危機に瀕しています。そこで、「川辺川を守りたい女性たちの会」は、鮎漁を営む漁師さんたちと鮎の産直運動を始めました。永続可能な漁業支援で、ふるさとの川や海を未来へ残そうというのが尺鮎トラスト運動です。鮎を季節に応じてご賞味ください。
問い合わせ　「川辺川を守りたい女性たちの会」
電話〇九六（三八九）九八一〇　ＦＡＸ〇九六（三八九）九八一五

郷土愛

私には故郷がある
私には帰る故郷がある

何らかの理由で
　故郷を離れた人のために
これから故郷で大きくなる
　子供たちのために
これから故郷で生まれてくる
　子供たちのために
昔ながらの美しい故郷を残そう
私には故郷がある
私には帰る故郷がある

祖母の五十年忌に
　故郷に帰ったときに
小学校の同窓会に
　故郷に帰ったとき
姪の結婚式に
　故郷に帰ったとき
昔ながらの美しい故郷は
帰るたびにいつも私の心を癒す
父母の元気な姿が私の心を
　癒してくれるように

美しい自然は誰のものか
美しい故郷は誰のものか
　今一度問い直そう

付記
市長さん、議員さん、郷土愛を忘れないで下さい。

私の心に残る清流球磨川

人吉市北願成寺町　権頭　亮

輝かしい夏休み、水の手橋を渡ると城壁の淵際は広い浅瀬があり、色とりどりの水着の子どもたちの歓声が聞こえてくる。ここは幼少児から小学下学年の格好の水浴場で親子ともども浮き袋で泳ぎ、泥遊びもできて山を作ったり、トンネルを掘ったり、土を丸めて玉を作り固さを競って割りっこをしたり。そこから城壁に沿って溯ると木山の淵がある。馬蹄麟閣《ばていりんかく》の句碑の下、木で鬱蒼《うっそう》とした坂を駆けおりると深みがあり、流れもゆるやかでここは、かなり泳ぎが上達した小学上学年から中学生向き、そばの岩場から飛び込み、潜り、白い石を投げて潜水し、その石を拾いあった。当時はかなり川底の石が見えるほど澄んでいたのだ。石垣の上では甲羅干し、日焼けの濃さを比べあった、ヂィヂィと鳴く油蝉に囲まれて。

そこから少し川上へ登るとさらに深くなり、そこは上段下段、高い岩場とそれより少し低い岩場があり、そこは高級者向き、ゆうゆうと水着の青年男女が水しぶきを上げ、ダイビングしている姿があった。

そこから上流は、また浅瀬があったり深みがあったり、たくさんの岩が顔を出し流れは速くなるが、鉄橋の上は石原あり、砂浜あり、白鷺が岩に羽根を休め、小鳥のいしたたきがピョンピョン跳ねて餌をあさり、広々とした風景になる。父は私のみならず、近所の子どもたちも引き連れて飼い犬ともども遊んでくれた遠い思い出である。

次は散歩道路側、ボート小屋があり、焼酎焼けした小父さんがボートやスカールを貸し出していた。川面は点々とボートの群れ、華やかなパラソルの花が咲いて清流を彩る。それらを眺めて私たち子どもはドグラ釣りに熱中した。短い竿に丈夫な針糸をつけ、みみずを餌に道路下石と石のすき間に垂れるとググッと強い引き、どれだけでも釣れた。時には鯰も釣れて地震のように震えたこともある。近くにはハエ釣りの小父さんたちが長い竿を振る。

五日町の清藤書店に友達がいて川に面した離れがあり、わが家同然、そこで着替えて泳いだり、昼寝をしたり、夏休みの宿題をしたり。そのように清流球磨川に皆たくさんの人々が親しみ、自分たちの川であった。

今は誰も泳ぎもしない、水を手で掬い上げることもできない遠くなった球磨川、観光客を乗せた球磨川下りの舟と、練習のカヌーが行き交うだけの寂しい川になってしまった。川水はスリガラス状に濁り清流とは一寸程遠い、単に観光上の清流球磨川である。

私は相良村四浦に住んでいる長男の家に行くたびに、昔の球磨川のように白いしぶきを上げ蒼く清く流れる川辺川を眺め、胸がしめつけられるように悲しくなる。やがてこの川も球磨川本流と同じ運命になってしまい、九日町鮎の老舗故竹下嘉一さんの記録『鮎ひとすじ六十年』によれば、昭和初期に鮎博士佐藤垢石先生を唸らせ、日本一の折り紙をつけられたあの素晴らしく美味しい川辺川の鮎の味もなくなるのか。実に悲しい

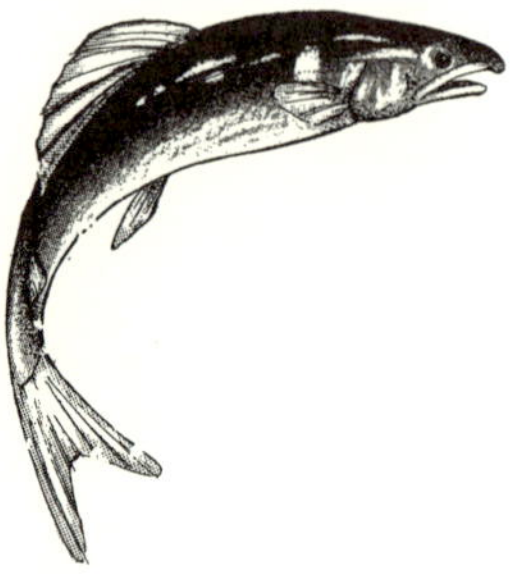

岐部先生へ ――竹下精紀氏の手紙を送る

人吉市北願成寺町　**権藤　亮**

拝啓。酷暑の候、先生にはお変わり無く御健勝のことと拝察致します。

私も昨年手術をして頂いて以来、おかげさまで元気でいます。

何時も、新聞紙上などで先生の球磨川への思いに対する、心のこもった詩を拝読し感動している次第です。参議院選が終わると再び市民投票の条例への署名運動が始まりますが、私も出来るだけ又頑張ろうと思っています。

さて同封いたしましたお手紙のコピーは、私が七月十一日付けの「人吉新聞」に載せました「私の心に残る清流球磨川」のエッセイを読んだ東京町田市にお住まいの竹下精紀様から頂いたものです。人中、人高の先輩で東京で毎年開かれる東京支部同窓会に上京出席した際、お知合いになったのですが、九日町鍋屋の隣の「魚芳」のお生まれ東大卒、厚生省の官僚だったエリートコースを進まれた方で、お父上の鮎ひとすじに生きられた伝記を引用したことから、お手紙を頂きました。ダムが出来れば必ず日本一の球磨川の鮎の味もなくなると嘆いていられたとこの伝記にあります。

東京その他、全国で故郷の川を思い、心配している人が沢山いることでしょう。私達もなお一層その思いを大切にしたいものです。

今日は、竹下様からお手紙が来たことから先生にもお読み頂きたいとおたより致しました。ではお元気でお過ごし下さいませ。

平成十三年七月二十三日

岐部明廣先生

暑中お見舞い申し上げます

人吉市出身　東京都町田市　**竹下　精紀**

お元気のことと思います。「人吉新聞」の「私の心に残る清流球磨川」を読みまして、私も九日町の現在の竹下魚店で生まれ育ちましたので、全く同じ懐かしい想い出で読ませて頂きました。

又、「鮎ひとすじ六十年」で父のこと引用して頂き、日本一の川辺川の鮎のことを考えますと、父も最後まで川辺川ダムのことを心配しておりました。私も本年五月帰郷しましたが、石原だらけの水量の少ない球磨川を眺めて情けなくなりました。それにしましても球磨川の鮎の味も随分とおちましたね。それでも川辺川ダムが人吉の活性化につながるというのは、どういう考え方でしょうかね。現在の球磨川が市房ダムと四十年の水害の結果と考えれば、川辺川ダムが球磨川下り、鮎について、致命的な影響を与え、観光人吉が全然魅力のないものになってしまう事が心配です。

球磨川で水泳が出来ない。カヌーだけでボートなど船遊びが出来ないのが、人吉の人に球磨川に対する関心をなくしてしまったのでしょうか。

現在の希望は、川辺川ダムに対する住民投票の行方だけですけど、参議院選挙でも、ダム賛成の自民党候補には、絶対投票しないという気持ちが大切だと思います。

遠く離れてやきもきするだけで、申し訳ありません。例年にない暑さですが、お身体お大切に。

七月十七日

権頭　亮様

「深い河」と「母なる川」

私の先祖に、ペドロ・カスイ岐部という一人のキリスト教徒がいました。彼のことを書いている『狐狸庵先生』シリーズの著者遠藤周作は私の好きな作家です。彼の本に「深い河」という作品があります。その「深い河」を読むとインドの人々にとってガンジス河は「母なる河」まさに聖地です。

インドと異なり、宗教的な意味合いはないかもしれませんが、私たち人吉市民にとっては、球磨川は「母なる川」です。球磨川があってこその生命とその暮らし、球磨川に育まれた文化と伝統であることは言うまでもありません。

球磨川本流が母ならば、川辺川は、元気の良い一人息子です。昔の球磨川のように清い流れが地域に活力を与えてきました。その川辺川にダムを造ると言うことは、元気な一人息子にわざわざ進行癌を植え付けるようなものです。

コンクリートの堤防を作り、生活用水の垂れ流しで水質汚濁を放置するなど、母なる球磨川に、知らず知らず大層な親不孝をしてきた流域住民ですが、自然に逆らうことがどんなに不遜なことであるかをようやく知るようになりました。「ダムを造れば川は死ぬ」と。

だから川辺川の自然を根底から破壊するダム計画に疑念を抱き、批判と不信の声を挙げているのです。

進行癌を植え付けた後では、どんな治療をしても手遅れです。息子が死ねば、母の寿命も縮まります。

今、ここに生きる私たち人吉市民の責任は、何としてでも、この母と息子を救うことでしょう。

そのためにも、後半（七月三十日～八月八日）の署名活動を頑張り、計一万五〇〇〇以上の署名を集めて住民投票条例を制定し、住民投票で私たち人吉市民の本心を、真意を訴えましょう。

人吉にも民主主義は残っていたということを全国にアピールしようではありませんか。市民の力、民衆の力が、必ずや小泉純一郎内閣総理大臣の心を動かすと、私は確信しています。

付記

この文は、住民投票の勉強会でのあいさつです。

六月十七日、カルチャーパレスに今井一先生を招待して勉強会を開催しました。今井一先生の著書『住民投票』（岩波新書）の前書きに次の文章があります。

民主主義の原動力は国民の自分自身に頼っていこうとする精神である。自らの力で自らの運命を切り開き自らの幸福を築き上げていこうとする不屈の努力である。

住民投票をあえてしなければならないのは不幸です。しかし、私たちの幸福のためにはあえて住民投票に訴えるしかありません。今、私たちに残された唯一の手段です。これこそが、民主主義の原動力だと信じています。

水の手橋は心の架け橋

人吉市出身、東京都町田市　**椎崎　篤**

このところ、年に二、三回は帰郷の機会があり、なるべく球磨川沿いを散策するようにしているが、年と共に懐旧の想いが強くなってくるようだ。

先日、親戚の車で水の手橋を通りかかって、ちょっと降りてみた。架け替わった橋だが、次々に浮かんでくる昔の想い出は尽きなかった。九日町に生まれ育った私にとって、球磨川はまさに「母なる川」であり、中川原はその流れに浮かんだ魂の揺り籠であり、その川に架かった大橋・小俣橋と水の手橋は、両岸を結び人と人とを繋ぐ心の架け橋のように思われる。

出来ることなら、昔のような美しい川の流れと、それを取り巻く自然豊かな情景を保ち続けてほしいと願うのは、年寄りの感傷なのだろうか。

母なる川

人吉市北泉田町　**高橋民男**

忘れてはいけないことがある。神より授かり天の恵み、地の恵み、そして山の幸、川の幸としての其《こ》の聖なる川、母なる川が、なんと今思いも寄らぬ、まるで完全に破壊でもされるかのような冒涜《ぼうとく》の危険に晒されている。私にとって、いや市民の全ての人達にとって、相良七百年の城址に潤うその清き川の流れは、皆夫々に明るい元気、大きな元気、温かい元気を与えてくれる愛の川であり、母なる川であり勿論、宝の川であった。川よどこへ行く。憶えば市民皆幼少の頃、少年の頃、また青年の時代を心豊かに育んでくれたいい水、いい流れ、清らかにして、和やかな憩いの場であり、ふれあいの交流の川であった。

昔日の想い出が走馬燈の如く頭の中に浮かび上がってくる。其れは勿論、無き林間学校跡から、亦《また》は其の下方のボート小屋の右岸の浅瀬から右対岸の一三〇メートル程ある距離の釈迦の涅槃像に譬《たと》えられる木山の淵へ泳ぎ切るのが「我は水の子、清流を」として男子の本懐、いや当然としての往事の一人前の男なりの誇りであった。父親、また上級生の指導訓練の下に、否応なしに、溺れてもまた溺れても稽古をつけられたものだった。

そして、泳ぎ渡りを習得してからの痛快な遊びが次々に始まっていく。それはその木山の淵の岩壁に上段、下段の岩場が自然的に出来ており、下段は初歩的としても最初はいささか恐怖感にとらわれながらも、その上段より水面に思い切り飛び込んだ瞬間は、あたかもオリンピック選手気取りの醍醐味を味わったものだった。それになおその岩場に生え茂る大樹より吊り下げた荒網に握り締めジャンピングする恰好は、さも当時流行したワイズミーラーのターザンを真似た優越感と歓声の人気の絶頂であった。

または、お互いに水底に潜り平べったい赤石や白石を採り合い自慢げに競いあった日々。

なお、上流の鉄橋下より淵に沿う流れにては小魚を掬い取りまたはその砂場にては好みの凱施門であり、仏舎利塔でありまた矢岳トンネル、富士の山と砂の芸術をも楽しんだ。川の中間はボートとスカールの漕ぎ手があちこちに爽やかさを醸し出し、橋の袂に設置された「ウォーターショット」からは頑丈な造りのボートに大勢の客を乗せ、この鉄骨の斜面を滑り降り、ザブンと川へ突き込む快感があった。下流にては、鮎釣りの大公望が三三五五と現れ垂れ糸が増えた。毎夏の精霊流しには、散歩道路の早瀬に待ち構えてその木舟を奪い合い競ったことも思い出す。

まだまだ書き尽くせぬ想い出は多々あるにしても、この川は私達の心を癒してくれる「母なる川」である事に間違いはない。

球磨川と私の少年時代

人吉市西間上町　**瀬戸致行**

転勤族の父と共に小学校を博多、名古屋、大阪、熊本市と廻った私は昭和二十年四月、鹿児島市でアメリカ軍の空爆で焼け出され、母の里・球磨村渡にほうほうの体で逃げてきて、八月十五日の敗戦と共に父の生家である二日町に住むこととなりました。

平野写真館や田部印章店が面している水の手橋に向かう街路は、当時、空襲による類焼を防ぐために、家並を強制立退きさせて出来たもので、壊れた家の廃材が散らばっていて、これを薪として各人が持ち帰っていました。東小学校五年生である私は、父母と一緒の海水浴の経験がなく、本格的には泳げませんでした。

水の手橋から川上を見ると、藍色に澄んでとうとうと流れる球磨川でした。今のように、水量不足から川面に沢山の石が浮き出て見えることなどありませんでしたし、現在、発船場近くに浮遊している水草なども水量不足に依るものでしょう。また、川下に目を移すと、中川原の両側を川は水飛沫をあげて、勢いよく流れていて、今のように渇水期だけでなく常時中川原と左岸がつながってしまうなど思ってもみませんでした。そうそう、その頃は水の手橋も現在より少し川上に架かっていて、橋幅も半分ほどで木造のようでした。

直ぐに球磨川で泳ぐのは怖く、六年生の夏から先ず初心者コースの水の手門周辺で、低学年と一緒に泳ぎを覚えました。五十年たった今でも「泳ぎきらんやったあんたに、教えてやった」という同級生がいます。少し泳ぎが上達すると林間学校跡と言われていた水の手門から川上で城壁下に「スミイシ?・」という草場に進級しました。

中学生になるとどうにか泳げるようになって、今の発船場あたりから対岸の木山の淵を目ざすこととなり、友人に付き添われながら流されるので、斜め上流の方向に「抜き手」で泳ぎ、たどり着いたときの嬉しかったこと。

油谷という貸しボート屋が今の中津留美術館の辺りにあって、おじさんが借り時間が過ぎたのを大声で周遊するボートに知らせていました。高校生になると必死で泳いでいる横を女子高生と相乗りした同級生のボートが行き、「にやり」と笑った彼に「大人」を感じ、泳ぐのが馬鹿らしくなったことを思い出します。

もっと上達すると、上流の「ジョウダン・ゲダン」で泳いだり、肥薩線の赤い鉄橋から飛び込んだりするのでしたが、私にはとても無理なことでした。まだプールを持たない人吉高校の水泳部は、今の発船場のあたりの流れの緩いところをロープで仕切ってコースを作り練習していたようでした。

その頃は町内の子どもがグループで遊んでいたので、泳ぎにも一緒によく行きました。先日、急逝された荒竹和英さんは、二日町の魚屋さんの次男で、私に八つ程下で水天宮の瓢箪の御守りを首に巻いて、目をくりくりさせた可愛い子で、泳ぎに一緒に行きましたが、その彼が国体に出るほどのスイマーになられるとは。

梅雨期の終わりになると所謂、「ながし」になり、球磨川は怒っているようで怖いほどでした。散歩道路が赤く濁った水に浸かり、石段から大きな網で「濁り掬い」で、いろいろな魚がかかり、うらやましく思いました。

清流球磨川には私たちの少年時代の想い出がいっぱい詰まっています。あの水量豊富な青い球磨川は蘇らないのだろうか！　蘇らせて子孫に残したいですね。

かつての球磨川（1942年頃）。「球磨の急流滔々と早瀬を走り岩を噛み」（旧制人吉中学校校歌）の表現そのものの水量豊富な球磨川

郷土を愛す

相良藩八百年の歴史のもと
人吉の人は故郷を愛す
犬童球渓先生も故郷を愛した
その心があのすばらしい
「故郷の廃家」
「旅愁」を生んだ
高木惣吉海軍少将も故郷を愛した
その心が日本を救おうとした
私達が安らぐのも
帰る故郷があるからだ
心を癒してくれる
美しい故郷があるからだ
今一度問い直そう

美しい自然は誰のものか
美しい故郷は誰のものか
そして子孫に残そう
この美しい故郷を

付記

議員さんの郷土愛を私は信じています

犬童球渓先生の親戚の鶴上寛治さん（人吉市西間上町）も、住民投票の請求代表者の一人として市民の啓蒙に活躍されました。

太平洋戦争において日本を滅亡の淵から救った高木惣吉少将は、明治二十六年、人吉に生まれています。彼の終戦工作の苦労は、名著『積乱雲』（渋谷敦著）に述べられています。少年時代を人吉で過ごした彼も、美しい球磨川のある、美しい故郷を愛したことだろうと想像します。

高木惣吉少将の親戚の川越重男・川越郁子さん親子（人吉市矢黒町石亭の館）も、住民投票を求める活動に協力していただきました。

自然は誰のもの——福永一臣先生の思い出に重ね合わせて

人吉市宝来町　**矢田禎二**

「我、自然を愛す」。これが福永一臣先生のキャッチコピーとなった最初の頃、この地にはまだうっそうたる欅《ケヤキ》、橅《ブナ》等の天然林が点在していた。それを残そうという発想が地元の反対にあって撤回させられた時の先生の苦虫を噛みつぶしたような顔が忘れられません。

その後、先生は球磨川水系の淡水魚の減少を憂え、自宅でその飼育をしておられたと聞き、また晩年は苔の蒐集に凝って、京都の門外不出の苔を手に入れたとご満悦の顔も思い出に残っています。球磨川の鮎についても一家言をお持ちで、「鮎は川辺川に限る」との台詞も耳に残っています。

川で遊び、自然を友とした年少の頃を想起し、近頃、自然と人間の関わりについて感慨一入の思いです。両岸をあたかも要塞の如く固め、人の近づくのを拒むような川、堪水力の豊かな自然林が味気ない人工造林に変わってしまった山を見るにつけ、寂しい思いを禁じ得ません。

自然と人間の折り合いを無視した昨今の姿を見ると「自然は誰のものか」は避けて通れないテーマだと思います。前の世代から受け継いだ豊かな自然は、そのまま次の世代へ渡すのが我々世代の務めです。即ち、自然は我々世代のものではなく、次の世代から預かっているものだと思います。

どうでもいい事については争わないと、生き方を決めてから久しく、絶対に譲れないという事は極めて稀であります。その稀な問題が自然について考える事だと思い、筆をとりました。

大事なものほどなくしてみて初めてその有り難みが分かると言います。病気になって初めて健康の有り難みが分かります。自然も同じではないでしょうか。

一度でいいから

あなたの清らかさが好きです
あなたの豊かさが好きです
あなたの透き通る美しさが好きです

小学校のときから好きでした
一度でいいから
本心をうちあけたい

あなたの上を通る風は夏の涼
あなたはカワセミやセキレイの友達
あなたの育む鮎や鮠《はや》
あなたを被う詩情をそそる朝霧
あなたの瀬音もまた詩情をそそる

一度でいいから
ほんとに一度でいいから
本心を

涸れたあとでは
死んだあとでは
もう遅いのです

一度でいいから
ほんとに一度でいいから
本心を

そしてあなたの清らかな豊かな流れを
守りたい

初恋の川辺川

人吉市願成寺町　**宮原茂富**

「週刊ひとよし」五月十七日号の詩「一度でいいから」、あなたの透き通る美しさが好きだと詩《うた》う。その真情の吐露が干からびた老いの胸を騒がせた。

小学校の時分から連綿と続いてきた初恋の相手は川辺川だろう。「涸れたあとでは／死んだあとでは／もう遅い」と今ではみんながそうと知っている川辺川だろう。

台風一過の十日ほどあとの市房ダムを見て驚いた。赤く濁った溜まり水が毒々しい顔をみせていたからである。

豪雨後、長期にわたって濁りが消えない近ごろの球磨川本流の、その真因をあらためて認識させられた秋の一日だったが、私は終日不愉快だった。久しぶりに仰ぎ見た市房山の杉やヒバの巨きさも、私の心をほぐしてはくれなかった。思いはすでに、もう一つの川辺川ダムの赤濁りとの負の相乗作業が襲う、木綿葉川《ゆうばがわ》とも夕葉川とも呼ばれてきた美しい河川、わが球磨川の汚濁にまみれた未来像に馳せていたからである。

縁あって

人吉市瓦屋町　**川辺敬子**

カヌーや釣りなどで、川辺川に訪れた人達に「こんなにきれいで水量の多い川は他にない」と絶賛されます。そして川辺川を訪れた人達によって、ダム反対の声は全国に広がっています。

けれど、誰よりも大きく声をあげるべきは、縁あってここに暮らし、日々、川辺川の恩恵を受けている私達ではないでしょうか。なにげなく暮らしているこの場所が、当たり前のように遊んでいる川が、どんなに魅力あるところなのか、そして縁あってここで生まれ育ったことがどんなに恵まれたことなのか、その幸せをしみじみと感じるたびに、心の底から湧き出てくるのは、次の時代の人達にもこの幸せを伝えたいという思いです。

第二章

あなたは信じますか

何を信じるか

建設省（当時）発行の「川辺川ダム事業について」（平成七年八月）をみると、昭和四十年七月規模の洪水のシュミレーションをしています。危険区域内の人口は、六万五千人で人吉市一八％、中流地区一％強と八代市八〇％となっています。

ところが平成十三年十二月九日の討論会で国土交通省の塚原健一氏は、民間の川辺川研究会の質問に答えて「ダムがなくても、八代地区だけは安全に暮らせるかもしれないが、人吉や中流地区の安全は確保できない。球磨川全体の治水を考えるとき、ダムが最適」と言っています。少なくとも八代地区に関しては、川辺川ダムはいらないことを初めて認めたのです。これは私たちにとっては衝撃的な事実なのです。国土交通省は、真実を隠していたのです。

私はこれまで以上に、国土交通省に対して、信じられなくなったのです。他でも、真実を隠しているのではないかと……。

あなたは信じますか

あなたは信じますか
　川辺川ダムは
　　水を汚さない

あなたは信じますか
　川辺川ダムは
　　水を減らさない

あなたは信じますか
川辺川ダムで舟下りに
支障をおこさない
逆に、安定した水が
補給されるので

運行中止がなくなる

あなたは信じますか
川辺川ダムは八代海へ
影響を与えない

あなたは信じますか
ダム放流水の濁りは
現状と大差なし
洪水後の水の濁りの
期間は現状と大差なし
ダム貯水池の濁りは
現状と大差なし

あなたは信じますか
ダムのない川辺川流域
に比べて市房ダム

のある球磨川流域の
水質が悪いのは
社会・生産活動だけが原因です

あなたは信じますか
選択取水設備と
清水バイパスで
川の水質は問題なし

付記
住民説明用資料として配られた「川辺川ダム建設事業Q&A」（国土交通省・川辺川工事事務所）を読んだことがあるでしょうか。
この中ではダムのもつデメリットの事は全く書かれていません。ダムのすばらしさがことさら強調されています。とても全てを信じることができないのは私だけでしょうか。

一ツ瀬ダムの教訓――哀れな一ツ瀬川

人吉市瓦屋町　時田安夫

濁り水堪へし一ツ瀬ダムを見よ
　下流は澄むと断言ならじ
ダム竣りし一ツ瀬川の今を見よ
　水細ぼそと流れゆくのみ
水あらば深き淵持つ一ツ瀬川
　ダムに裂かれし姿をさらす

私は信じない

一ツ瀬ダムには、選択取水設備があるにかかわらず、衆知の如く、長期の汚濁に下流域の住民は、悩まされています。

国土交通省は、どうして真実を国民へ知らせないのでしょうかいつも疑問に思います。

国土交通省の水質保全対策は、すばらしい効果があるように書かれていますが、私は信じることが出来ません。日本のどこにダム放流水の濁りが、ダム以前と大差がなかった川があるのでしょうか。教えてください。

「川辺川ダム建設事業のQ&A」での森林の保水能力（緑のダム）については、

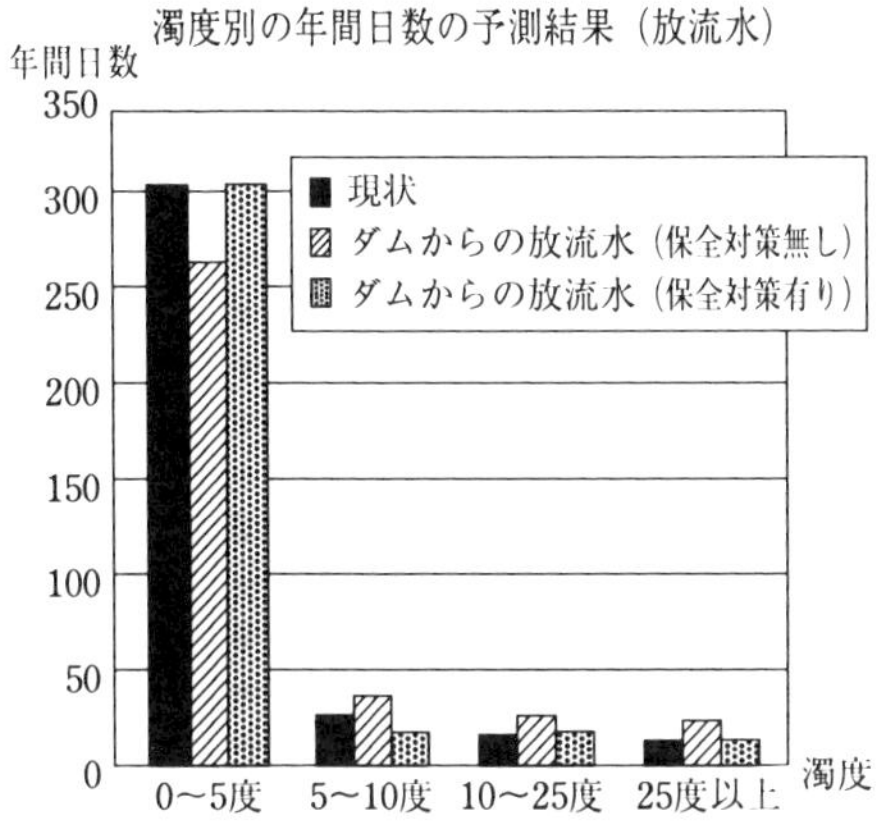

「ダム放水の濁りは現状と大差ない」とする「水質保全対策（選択取水設備＋清水バイパス）の効果（「川辺川ダム建設事業Q＆A」より）

洪水時の濁度別の継続日数の予測結果（放流水）

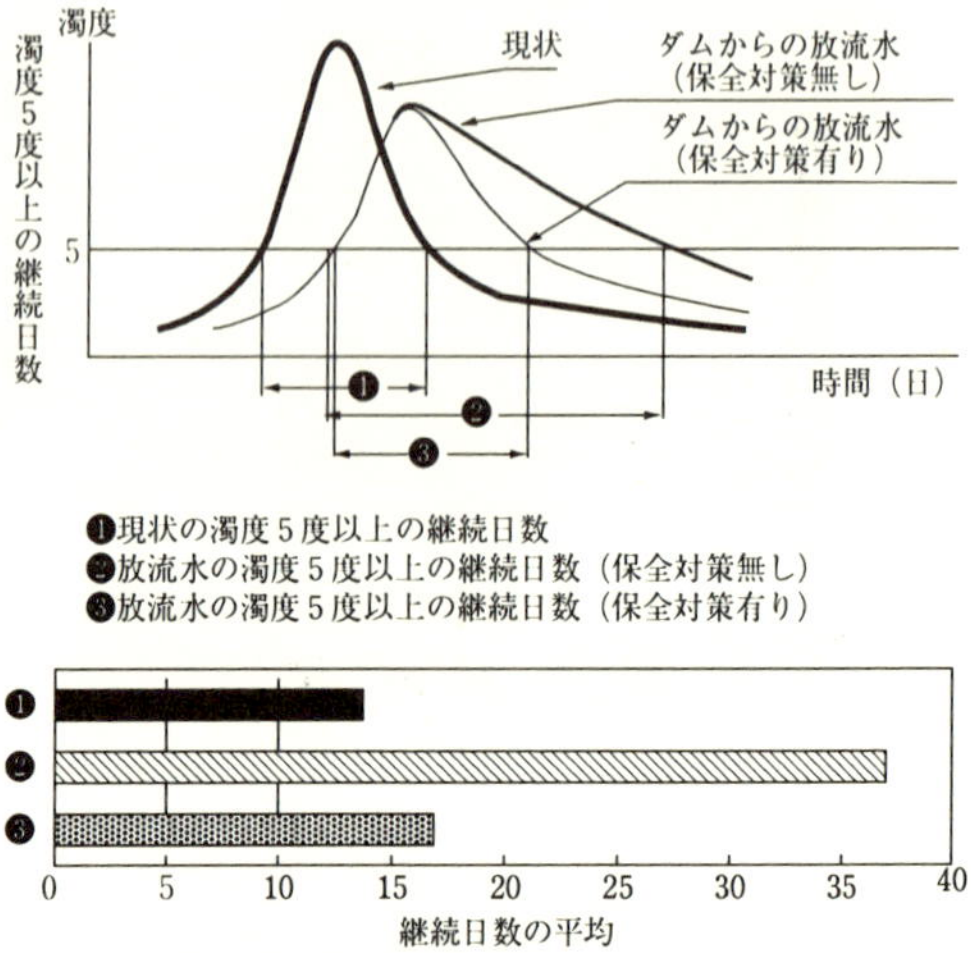

(注)❷−❶＝７日以上の洪水を選んでいます。

濁度別の年間日数の予測結果

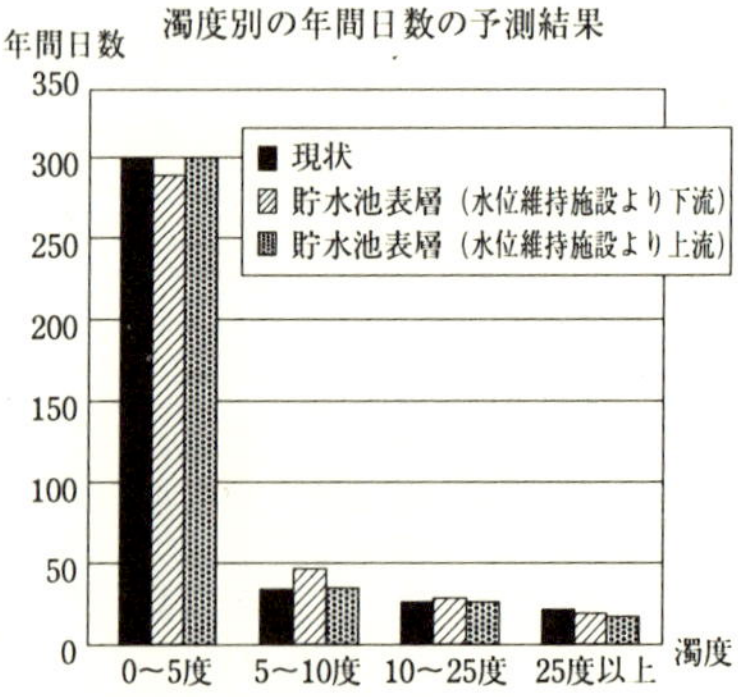

上・中「洪水後の濁りの期間は現状と大差ない」とする洪水時の濁度別の継続日数の予測結果（放流水）
下「ダム貯水池の濁りは現状と大差ない」とする濁度別の年間日数の予測結果（ともに（「川辺川ダム建設事業Q＆A」より）

① 樹種及び樹齢による保水能力の違いについては、多くの調査研究がありますが、定説がないのが現状です。

② 昭和四十年代以降、現在までに川辺川流域の森林保水能力にあまり変化がない。

③ 森林の保水能力を過度に期待することは危険である。

と記述しています。とても巧みな文章で、大きな虚偽のみえないかたちで「緑のダム」の否定的内容になっています。子供の教育上、とても嘆かわしいことです。

中学生にでも、樹齢によって保水能力に差があるだろうことは分かります。中村益行氏（脊梁の原生林を守る連絡協議会代表）によると、昭和三十一年から昭和四十六年にかけて五木村、泉村の森林伐採が最も盛んに行われた結果、昭和四十年代は樹齢十年以下の木の割合が多く、現在にくらべて、森林の保水能力はかなり小さかったと考えられる。それが、当時の水害の一因になったと説明しています。

私は、国土交通省よりも中村氏の意見の方が素直に信じられます。私たちは「緑のダム」を過度に期待しているのではないのです。適正な範囲の保水能力を期待しているのです。

平成十三年十二月九日の討論会で、津奈木漁協組合長の福田諭氏の「球磨川の既存のダムの影響を目の当たりにし、これ以上大規模なダムができたら、不知火海は死の海になると心配している。不知火海への影響は本当にないのか」という質問に対し、国土交通省の塚原氏は「我々のシミュレーションでは、影響はほとんどないという結果です」と返答しています。

私は「ほとんど」の意味が曖昧であり、信じることができません。影響があるかどうかを、これこそ環境アセスメントするのが、世界の流れだと思います。

このデータが虚偽だったとき、いったい誰が責任をとるのでしょうか。

Ｈ－Ｑ式（水位・流量換算式）についての福岡賢正氏と国土交通省の議論は、福岡氏の主張を素直に受け入れることができます。

福岡賢正氏は、平成十三年十一月二十四日付の「毎日新聞」で以下のように書いています。


国交省の各工事事務所が毎年作る防災業務計画書は、災害防止活動にとってバイブルとされている。水害ではその中のＨ－Ｑ図（水位と流量の相関グラフ）が役立つ。この図を見れば、増水した時の川の推定流量を簡単に割り出せる。

例えば人吉市の球磨川の水かさが、安全限界とされる計画高水位の四・〇七メートルに達すれば、人吉Ｈ－Ｑ図の縦軸の四・〇七メートルの目盛りから水平線を引き、それが曲線と交わったところの真下の目盛りを見ることで流量は四五二〇立方メートルと推定できる＝グラフ参照。

Ｈ－Ｑ図の曲線を描くためのＨ－Ｑ式は水位と流量の実測値から導きだされている。そのため、Ｈ－Ｑ図の厳密な適用範囲は一定の水位以下に限られるものの、過去の大水時の実測値とＨ－Ｑ図の差はわずかしかなく、Ｈ－Ｑ図は厳密な適用範囲を超えた水位まで曲線が引かれている。

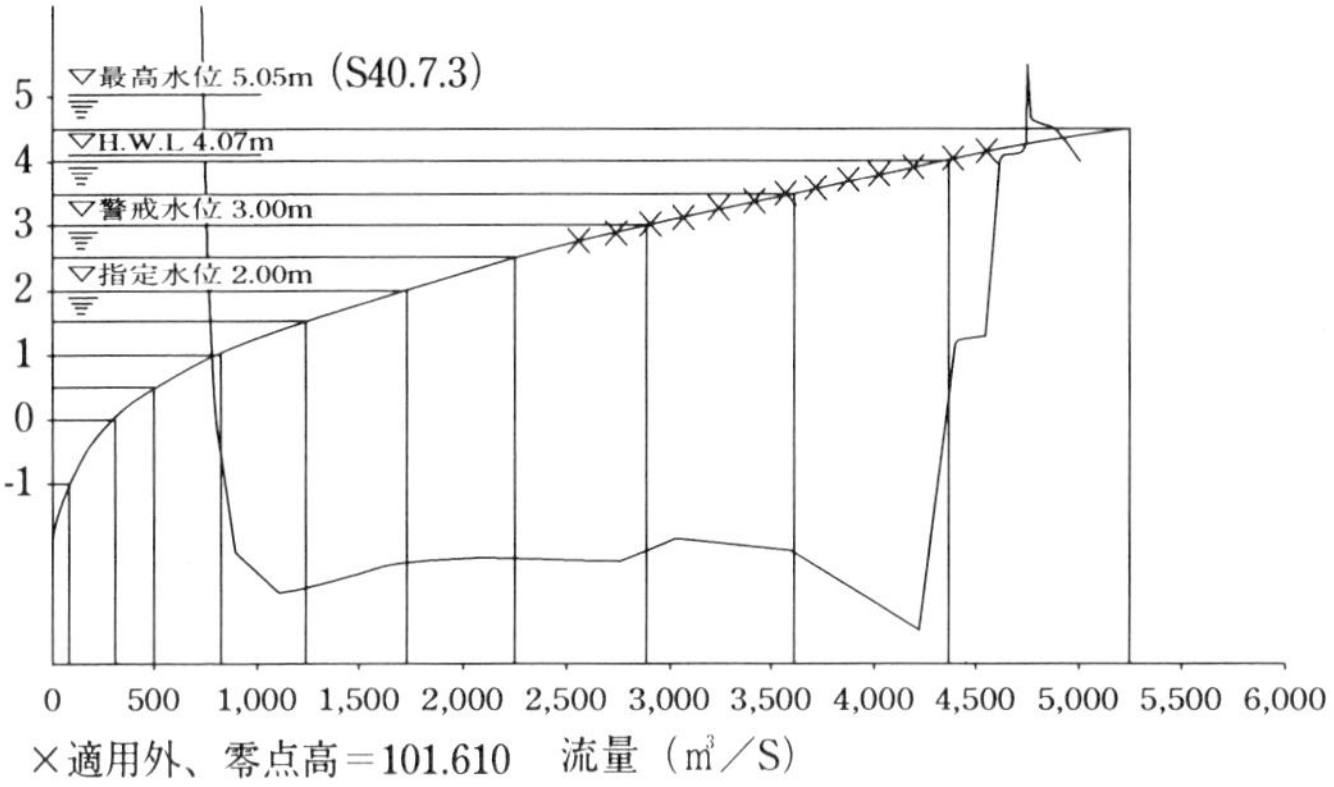

九州地方整備局が出した2001年度版の「人吉のH—Q曲線図」。手書きの×印が記されている。

ところが、九地整の石丸昭久・防災対策官はあらかじめ、適用範囲外に手書きで×印を付けた〇一年度版のH－Q図を用意しそれを見せながら、図は低水位時に限って適用できることを強調した。

なぜなのか。

一つ、理由は考えられる。国が八十年に一度起きるとする洪水の流量をH－Q図に適用すると、現状でも安全に流せる水位であることが分かり、川辺川ダムの必要性が消えてしまうことだ。例えば一九九八年版の人吉H－Q図の式に堤防ギリギリの水位五・五七メートルを入れてみる。答えは毎秒七四〇〇立方メートル。八十年に一度の洪水時の推定流量（毎秒七〇〇〇立方メートル）から既設の市房ダムの調節量を引いた六六〇〇立方メートルを流せることが分かる。

国の基準では堤防と水面の差が一・五メートル必要なため、堤防は一メートル強かさ上げする必要があるが、それでもダムはいらない勘定になる。

計画書が熊本県や流域市町村に毎年配布されていたことの意味も重い。各自治体はダムなしでも十分治水可能なことを先刻承知の上で、一貫して川辺川ダム建設推進を陳情してきたことになるからだ。その責任が厳しく問われることになろう。


と記述しています。

それに対して国土交通省は、平成十三年十二月九日の住民説明向け資料の中で「毎日新聞の福岡賢正記者との面談取材において、九州地方整備局の担当官は丁寧に分かりやすく説明したにも関わらず、水位・流量換算式を、その適用範囲外である大規模な洪水に適用して、川辺川ダムは不要とした不適切な報道がなされたものである。また、分かりやすい説明のために行った補足（適用範囲外の部分へのマーキング）について、当方の説明を無視して、「ダム必要性消滅恐れ」とする報道は、事実を歪めているものである。このため九州地方整備局より毎日新聞に対して早急に抗議の意を表明するとともに、記事の訂正を要望していくこととしている」と反論しています。

一度、福岡賢正氏と国土交通省の塚原健一川辺川工事事務所長の公開討論を企画してほしいものです。

河川工学について素人の私は、権威ある国土交通省の説明の方が素直に信じられないのです。本当に警戒水位（三メートル）以下にしか適用されないのであれば、防災計画に書く意味がないでしょう。そして、説明資料六十三頁のH－Q図及びH－√Q図を三十分間でもじっくりながめていると、国土交通省の巧みさに驚かされます。

国土交通省は信じられない

人吉市下青井町　**緒方紀郎**

川辺川ダムは、「八十年に一度」の洪水、すなわち、流域平均二日間、雨量四四〇ミリの降雨で、球磨川の流量（人吉地点）が毎秒七〇〇〇トンに達する洪水が起こることを想定して計画されている。

ところが、一九九五年七月の記録的な豪雨では、流域平均二日間の雨量は四四七・一ミリと「八十年に一度」の想定雨量（四四〇ミリ）をオーバーしたにもかかわらず、球磨川のピーク流量（人吉地点）は三九〇〇トンと国土交通省の想定を大きく下回り、川は氾濫しなかったし、水位にはまだ余裕があり、避難勧告さえ出なかった。その事は、建設省（当時）が住民向け説明会で配った資料「川辺川ダム事業について」（平成十年七月）を見ると読みとれる事実である。

これまで「川辺川ダムは過大な水害を想定した過大な計画だ」との指摘が、多くの専門家からもなされてきた。ところが、平成十三年四月国土交通省が行った住民向け説明会で配った資料「川辺川ダム建設事業Q&A」には、その事はおろか「流域平均二日間雨量四四〇ミリの降雨による治水計画」という、ダム計画の基本中の基本事項さえも、七一ページにも及ぶ資料のどこにも書いてないのである。

付記

一九九五年七月の記録的な豪雨でも、球磨川のピーク流量（人吉地点）が、三九〇〇トンと、国土交通省の想定を大きく下回った事実は、森林の生育、つまり緑のダムの回復を如実に示しているのです。国土交通省は、この事実を隠したいようです。都合の悪いデータの公開はしないようです。

私も信じない

人吉市駒井田町　辻　正信

「川辺川ダム建設事業Q&A」を読了した。悲しいかな、浅学の私には美辞麗句ばかりが目に入って、肝心の要点が摑み難かった。

それはバランスがとれていないからで、例えば、六十四、六十五頁にはダム促進派三名の「人吉新聞」「読者のひろば」投書が掲載されているが、日付が平成八年七月四日、九日、十一日となっている。これは当局の働きかけがあったものと考えるのが自然だろう。

過去に新聞紙上にダム賛成の投書が掲載されたのはこの三通だけだが、ダム反対の投書は優に二百通を超えるそうだ。ダム賛成三通、ダム反対二百通の投書を掲載するなら、それはバランスのとれたスタンスといえようが、ダム反対の意見は全く掲載せず、一方に偏した傾向を示せば、流域住民のみならず、今や国会でも取り上げられ「全国区」となっている川辺川ダムを、全国民に納得させることはできまい。

付記

辻正信氏は、これ以外にも「川辺川ダム建設事業Q&A」の疑問点を九項目取りあげています。毎秒五一六〇トンを放水する非常用放水門が「川辺川ダム建設事業Q&A」より削除されている点にも、大きな疑問を投げかけています。非常用放水門こそ郡市民が最も恐れているのです。氏は、以前よりダムによる非常放水の危険性を訴えています（九十三頁参照）。

私は、国土交通省の権威ある説明よりも、辻正信氏の主張の方を素直に受け入れることができます。詳しくは、辻氏のまとめた冊子を参照して下さい。

不思議なことに

私は水害の体験は未だないが、
やっぱり水害はイヤだ。
市長さんは川の近くですので
生命・財産を守るダムが
ほしいのはよくわかります。
しかし
人吉の田野町、大塚町、木地屋町、古仏頂町
　蓑野町、矢岳町、大野町、大畑町、
　漆田町、赤池町、田代町、鹿目町、
　永野町、浪床町、合ノ原町……
の人がダムがほしいといっても
そこまでは増水しませんよ。
驚いたことに、

最も増水する上新町、下新町、七日町、
　二日町、五日町、九日町、
　紺屋町、鍛冶屋町、上青井町、
　下青井町、矢黒町、宝来町、
　　上薩摩瀬町……。
の多くの水害体験者が
ダムはいらないといっているのは
不思議だナァー。
一度でいいから皆の本心を言いましょう。
一度でいいから皆の真意を市長さんへ伝えましょう。
後で失ったものの大きさを惜しまないために。

付記
国土交通省は「河川沿いに住む人とそうでない人がいて、市民全体で投票するのは適さない」と言って住民投票に反対していますが、不思議なことに、人吉では河川沿いに住む人ほど、川辺川ダムに反対しているのです。その証拠に河川沿いに住む人ほど住民投票の署名率が高く、住民投票に期待していたのがよく分かります。

例えば、大雨のとき人吉で最も増水して水害を受けやすい地区の、上新町六二%、下新町六八%、南泉田町六二%、七日町七二%、五日町七〇%、二日町六三%、九日町六三%、紺屋町六一%、鍛冶屋町六四%、上青井町四九%、下青井町五二%、宝来町四九%、矢黒町五〇%、上薩摩瀬町五八%と河川に近い地区は高い署名率なのです。

そして筌場一郎さん、重松隆敏さん、川越重男さん、松尾迪男さん、辻正信さん、春口真一さん、青木緑郎さん、吉村勝徳さん、山下鉄彦さん、木本雅己さん、益田啓三さん、駲田章さん、山本傳一さん、大柿春己さん、外山敬次郎さん、山口豊さんはじめ、大変多くの水害体験者が、受任者として署名活動に協力していただきました。

非常放水の危険性

人吉市駒井田町　辻　正信

昭和四十年七月三日の人吉大洪水が市房ダムの非常放水によって生じたことは、私を含め多くの人吉市民が実体験している。

昭和四十年水害時の急激な増水は、市房ダムの満水状態の巨大貯水を、ダム決壊を防止するため、一挙に非常放水したから、ダム下流域の「瞬間流量」が急速に増大して、人吉市はじめ各地の被害が続出する大洪水となったのだ。この時の「最大流量」は当局の発表によれば、五〇〇〇トンである。

市房ダムの二二〇〇トンの非常放水を検証せず、川辺川ダムの五一六〇トンの非常放水も検証していない。ましてや、市房ダム・川辺川ダムの同時放水となれば、五〇〇〇トン＋二二〇〇トン＋五一六〇トン＝一万二三六〇トン、昭和四十年大洪水の二・五倍の流量となり、実に昭和四十年流量を七三六〇トンオーバーする。悲惨な大災害が予想される。

水害体験者の生の声

昭和四十年七月三日のこと

球磨川水害体験者の会事務局長　人吉市南泉田町　**重松隆敏**

私は、幼少時代を山田川三条橋の辺り、いわゆる水害常襲地帯で生活し、水害は年中行事の一つとして受け止めていた。ところが水害防止を理由に昭和三十五年三月、市房ダムが完成し、一年、二年は水害ゼロの年が続いたが、また水害が起き、はるかに予想を超えた急激な水位の上昇と危険性が増した水害を数多く体験したのである。

中でも昭和四十年七月三日の未曾有の大水害は、梅雨前線による長雨の末だった。六月二十六日から降り始めた雨が各地で浸水を始めるその最中に、「市房ダムが放水しますので十分注意をして下さい」の広報車の声。

そして三日午前三時頃から球磨川の流水位は急激に増水し、三、四十分もの間に二メートル近く上昇した。このため市の中心街では避難の余裕すらなく、壊滅状態の被害を受けた。

市房ダムのできる前と後

球磨川水害体験者の会会長　人吉市上青井町　人吉旅館　**堀尾芳人**

昭和三五年、水上村に市房ダムが完成する以前の「自然水害」はどうだったのでしょうか。暴れ川の異名をとる球磨川は水害の歴史でもあったことは確かです。

私たちの祖先は、水害が発生する際の予兆と予測、被害範囲に至るまでを知ることができたことはよく知られているところです。

川岸に立ち、水の波形の変化をみて、風をほほで感じながら雲ゆきを観察する。そうすると予測される水害がどのくらいまでくるのかを確実に当てることができた。

水害も生活の一部として自然に受け入れていた。しかし市房ダムができてから、はるかに予想をこえた急激な水位の上昇と危険性が増したことは否定できない事実です。

昭和四十年の大水害が、市房ダムの放流が原因であることは、人吉の水害体験者なら誰もが知っています。私も旅館二階の窓から、川の様子を間近に見て、異常な増水は、今でも目に焼き付いています。

川辺川上流の相良村では、水位が下がり始めとったと聞きました。球磨川だけがわずか三〇～四〇分ほどで、二メートルも増水するのは、どう考えてもおかしかった。

洪水の最中にダム放水

人吉市九日町　**松尾迪男**

昭和四十年七月三日水害では、前日来の雨で、すでに床上浸水し、私の腹まで水が来ている時に、「市房ダムが放水されますので、十分注意して下さい」という消防署広報車の声に、一瞬耳を疑い、消防署に電話で「私たちはもう浸水しているのに、ダム放水とは何かの間違いではないでしょうか」と尋ねたら、「間違いではありません。とにかく十分注意して下さい」という答でした。

洪水の最中にダム放水など初めてのことで、消防署でも全く見当がつかなかったのだと思います。私もただ呆然とするばかりでした。そのうち水位が天井まで上がりました。

急激な増水

人吉市新町　**桝本　勝**

私の家は球磨川の中州中川原で、川の中央にあるので洪水のことについては私が一番身をもって知っています。

昭和四十年の洪水の時は、球磨川がだんだん増水して家の基礎の石垣の所まで上がってきたので、当時は隣りに消防署があったので何度もどうなるのかをたずねにいきました。すると「今、ダムが放流したので三〇分もすれば二メートル位、水位が上がりますよ」と言われたがその通りになりました。

市房ダムが出来るまでこんな急に増水があったことはなかった。

ダムがもたらした水害

人吉市下青井町　**松岡清人**

昭和四十年の水害はダムがひきおこした水害で、これは人災です。

その時には、私の家では天井の下一〇センチのところまで水がきました。ダムというものは貯めるだけ貯めておいて、いよいよ危なくなると放流をする。下流の家が水につかるのも当然です。昭和四十六年の水害も市房ダムの放流が原因です。

とにかく僕の水害体験を聞きたい人は、いつでも聞きに来て下さい。

ダムはいらない

人吉市下青井町　**宮原赤筆**

私の住む下青井町は、全員ダムはいらないと思っている。水害の恐ろしさをいやというほど経験した所だからね。もう、釣りどころじゃない。川を守らなければ海も死んでしまう。息子よ、もう今こそ帰ってきて「ダムはいらない」って言ってやれ。

初めての急激な増水

人吉市紺屋町　**永見八郎**

昭和四十年水害時は、床上三メートル以上にあっという間に水が上がってきて家の屋根に取り残された人もいた。

あんな急激な増水は、初めてだった。市房ダムができる前はゆっくり水は増えて、せいぜい床上五〇センチ程度だった。

永見八郎氏と浸水状況を示す永見氏経営の温泉。右側の白い印は浸水がどこまで来たかを示す。下から昭和54年７月17日、昭和47年７月６日、昭和46年８月５日、最も高いのは昭和40年７月３日の３・２メートル

昭和40年7月3日、大水害に襲われた人吉市九日町（写真、松尾迪夫氏提供）

避難警報もでない水害

人吉九日町　**小丸正司**

昭和四十年七月三日の大水害の原因は、第一に上流にある市房ダムの無謀な放流にある。わずか三、四〇分間に二メートルも急激に増水した。

第二に市当局の警報の出し方も問題だ。二日午前〇時と三時にサイレンが鳴ったが、それは放水警報で避難警報は出されなかった。

付記

人吉市議会ダム対策委員会委員長の窪田直弘市議（人吉市願成寺町）によると、昭和四十年当時の市房ダム管理所長は、「昭和四十年七月三日水害の日、俺は日直だった。大雨のため大量の水がダムに入ってきたので水門を開けた。それが下流に迷惑をかけたのでクビになった」と昭和四十一年に証言しているそうです。この証言も、水害の原因は市房ダム放流だと主張する水害体験者の生の声と一致しています。

昭和40年７月３日の人吉市九日町。松尾迪夫氏（人吉市九日町）の提供

私は臍曲がりですか

私は私たちの為につくるという国の親切を
　素直に喜べない。
私は親切をお節介とさえ感じる。
私は権威ある国の説明
　　　　ダムは水を汚さず
　　　水を減らさず
　　　鮎を減らさず
　　　海を困らせない
　を素直に信じられない。
私は国が充分な環境調査をしたという
　説明を素直に信じない。
私はダム放流が大水害の原因という
　体験者の意見を信じ、権威ある

国の説明を素直に受け入れることが出来ない。
私は「ダムができる前はよかった」と
　負け惜しみを言いたくない。
私は後で失ったものの大きさを
　惜しみたくはない。

私は臍《へそ》曲がりですか。

付記
権威ある国の説明は、国が選んだ大学の専門家や学者の意見を引用します。しかし権威ある学者の意見よりも、地元で生活している庶民の体験の方が正しいことが多々あります。権威ある学者の意見を尊重するあまり、対策が遅れてしまったことが少なくありません。そのいい例が熊本県の水俣病です。国に都合のいい勧告をした専門家や学者は、予想と異なる悪い結果になったとき、責任をとるのでしょうか。
　今後は、責任の取り方についても考える時期にきていると思います。そうでないと、被害者はいつでも地域住民です。そして、私たち熊本県民は川辺川ダムについても、水俣病の教訓を生かす必要があります。

一方的に国が選んだ専門家や学者の勧告は、初めから結論有りきで、私は信じることができません。

私は、臍《へそ》曲がりですか。

例えば、川辺川ダム事業審議委員会（平成七～八年）の学者は、御用学者と批判されてもしかたありません。平成十三年に川辺川ダム事業の再評価をした九州地方整備局事業評価監視委員会（十二名のうち七名は学者）の結論も「事業継続」のお墨付きを与えたにすぎません。仮に、ヨーロッパまたはアメリカの学者に川辺川ダム事業の評価を依頼したとき同じ結果が出たでしょうか。私は同じ結果は出たとは思いません。

学者よ、御用学者と批判されないように、良心を忘れないで下さい。あなた方の良心を期待している国民の多いことを忘れないで下さい。

後悔

私は後で悔やみたくない
どうしてあのとき
行動しなかったのかと　悔やみたくない
出来る前は良かったと　悔やみたくない
その為にも今を生きる私達は
まだ生まれてない子孫の為に責任がある
まだ生まれてない子孫は
意見をいうすべさえないのだ
その為にも　何を子孫は喜ぶかを
考えて行動すべきだろう
美しい自然は誰のものか　美しい川は誰のものか
美しい自然を残そう　美しい川を残そう
それが今を生きる私達の責任だろう

やっぱり変だ七〇〇〇トン

ご存じですか 七〇〇〇トン
いつ、どうして決まったかご存じですか
七〇〇〇トン
三十七年間どうして変わらないのか
七〇〇〇トン
変ではないか
七〇〇〇トン
過去のデータをみると緑のダムの復活がわかる
それなのにどうして変わらないのか
七〇〇〇トン

付記
国土交通省の資料によると、川辺川ダムによる治水計画は、昭和四十年の洪水データをもとに決められ、八十年に一度の大雨（二日間四四〇ミリ）が降ったときの人吉時点での瞬間最大流量が七〇〇〇トンなのです。昭和二十九年～四十年の主要六洪水の洪水流出パターンより、流出量を計算し、昭和四十年の降雨量三六五ミリ時の五〇〇〇トンより、安全側約一五％を加えて七〇〇〇トンが算出されています。

しかし、少し待って下さい。ここ八十年間の最大降雨は、平成七年の四四七ミリで、四四〇ミリをオーバーしているのにかかわらずに、瞬間最大流量は、七〇〇〇トンより、はるかに少ない、三九〇〇トンだったのです。これは、緑のダムの回復を示しているのです。昭和二十九～四十年の洪水流出パターンは、五木村・泉村の森林伐採のため、禿山となった時のです。このときのデータによって算出された七〇〇〇トンはすでに時代遅れなのです。

国土交通省殿、昭和二十九～四十年のデータのかわりに、緑のダム回復後の最近のデータを使うべきではないでしょうか。

この最近のデータより算出すると、六〇〇〇トン程度に小さくなります。昭和五十七年のデータより人吉地点での許容最大流量は、五四〇〇トンなので、残り六〇〇トンに市房ダムとで対応すればよいわけです。これは、中川原の撤去あるいは、大橋下流のごく一部の掘削のみで人吉地区の治水は、十分対応可能なのです。もちろん巨大ダムは、不必要なのです。

つんつん椿の涙

みんなで見に行こう
川辺川の山椿
いや
つんつん椿を
樹齢五〇〇年
壮厳で神秘的な巨木
それにしても悲しそう

みんなで助けよう
川辺川の山椿
いや
つんつん椿を
子も樹齢二〇〇年

平家ゆかりの巨木
それにしても寂しそう

つんつん椿を切れば
先祖の霊魂も
さまようだろう
つんつん椿を沈めれば
我々の魂も
救われないだろう

付記
川辺川ダムの強制収用予定地（金川地区）に米田重信さん（七十一歳）の土地がありま す。そこに永い歴史を刻む立派なつんつん椿の巨木がありますが、ダムができればダム湖に沈むことになります。米田さんは国交省に土地を渡した覚えはないのに、国交省は勝手に木を切り、墓石までもどこかに運び去っています。つんつん椿も今にも切られそうになっています。この巨木を切ったり沈めたりすると「祟《たた》り」が起こりそうです。

あどけない川の話

通子は人吉に川が無いという
ほんとの川が見たいという
私は驚いて球磨川を見る。
鮎里の前に在るのは
水の少ない汚れた川だ
昔なじみの美しい川はそこにない。

二十年前の
川辺川ダムのできる前は
まだ水も多く美しかった

六十年前の
市房ダムのできる前は

更に水は豊かで日本一の清流だった
木山の淵で多くの子供が泳ぎ
水も飲めた。
これも昔話である

今は朝霧もない
今は水も減り川下りもない
人吉も川の衰退とともに寂れた

通子はほんとの川がみたいという
平成三十三年の
あどけない川の話である。

付記　通子は私の長女です。私たちの子供や孫のためにもダムはつくってほしくないものです。私は木山の淵で泳いだことはありませんが、人吉生まれの私と同世代の人々から、よく木山の淵で泳いだ昔話を聞きます。とてもうらやましくさえおもいました。私は『智恵子抄』の愛読者です。

善なる心

心のなかの善
人は皆、心の中に善がある
善は人を救う
善は己を救う
善があるから美しい
善があるから楽しい

人は皆、心の中に善がある
善を忘れないでほしい
心のなかの善を大切にしてほしい

今こそ心の中の善に従おう
そして

美しい自然は誰のものか問い直そう
そして
美しい川は誰のものか問い直そう

今こそ心の中の善に従おう
そして、川辺川を守ろう
そして、球磨川を救おう

神も我々の善を信じている
今こそ心の中の善に従おう
そうすることによって
我々自身が救われる

付記　多くの市民は、心の中の善に従った行動をとっていただきました。本当にありがとうございました。そして、私は議員さんの心の中の善に期待しました。住民投票条例は、必ずや可決されるものと信じていました。もし、否決されるようなことになれば余りにも悲しいことです。

風

あなたは感じますか
川面をかける涼風を
肌にここちよい風を

あなたは感じますか
夏草を揺らす微風を
肌にここちよい風を

あなたは感じますか
川辺川の嘆きを
あの美しい川辺川の
嘆きを

あなたは感じますか
　川辺川の悲しみを
あの清らかな川辺川の
　悲しみを

風は何も言わないが
風は知っている
川辺川の嘆きを
川辺川の悲しみを

そしていずれ
その嘆きと悲しみは
私達のものとなるで
しょう

付記
市長さん議員さん、郷土愛を忘れないで下さい

風通し

風通しの悪い箱
この箱の中の蜜柑は
　　腐りやすい
一つが腐ると隣の
蜜柑も一つ二つと
　　腐っていく
そのスピードは遅いようで
早い

外務省
この箱は風通しが悪い
情報公開も無い
水増し菌

裏金菌
腐敗菌の繁殖
いつから腐りはじめたか
国民は知るすべもない

国土交通省
この中も風通しは悪い
地域住民の声をのせた風は
　通らない
収賄菌
腐敗菌がいると聞く
たぶん中の蜜柑も
　腐っているだろう

国の政治の風通しを
　良くして下さい
私達の切実な願いをのせた

風を感じますか小泉首相

人吉の風通しは
どうでしょう
市民の声を
住民の声を
切実な訴えをのせた風を
感じますか市長さん
議員さん
その風はそよ風でなく
もう突風なんです
人吉の蜜柑の鮮度を
　心配するのは私だけ
　でしょうか
一つでも二つでも多くの
蜜柑が新鮮で
ありつづけてほしいと

願うのは私だけ
でしょうか

付記
住民投票を求める運動をしている時「人間を幸福にしない日本というシステム」という大きな壁を感じました。
カレル・ヴァン・ウォルフレン著『人間を幸福にしない日本というシステム』（毎日新聞社刊）という本を参考にして下さい。

情報公開を

人吉市下青井町　**緒方みどり**

私の住む人吉市では、ここ数年、川辺川ダム計画の「中止」や「見直し」を求める住民運動が広がり、ダム建設に対するさまざまな意見を耳にするようになりました。

以前は私も、ダムはよいものだというイメージを持っていましたが、「市房ダムの放流による急激な増水が水害の被害を拡大した」とする昭和四十年の水害体験者の話や、「高い負担金を出してまで川辺川ダムの水はいらない」という事業に反対する農民の話を聞き、ダムに対する認識は大きく変わりました。

またダムは広大な自然を水没させ、流域の自然環境や人々の暮らしまで大きく変えてしまうことや、ダムは土砂に埋まっていき、いつかは大きな災害源になることも知りませんでした。

私が疑問に思うのは、一般市民が知る機会もないうちにダム計画が策定され、いつの間にか事業が進められていることと、事業者側が市民に知らせるダム建設に関する情報は、ダムのメリットばかりで、デメリットは全くないことです。公共事業が住民のためならばデメリットも住民にきちんと知らせるべきです。
本格着工の前に、ダム建設に関わるすべての情報を公開し、県民のコンセンサスを得ることが必要ではないでしょうか。

付記
地元の清流球磨川・川辺川を未来に手渡す流域郡市民の会（会長・緒方俊一郎氏）や、漁民有志の会（代表・吉村勝徳氏）なども、これまで幾度となく、川辺川工事事務所や九州地方整備局へ、治水等に関する情報公開や資料の開示を求めてきましたが、ことごとく拒否されてきたのが現状です。情報公開条例が成立した今日でも、職員の数が足りないことを理由に、満足のいく情報が得られないのです。
公共事業というものの、誰のためのダム建設なのでしょうか。情報公開なくして、公益性があるかどうかの討論はできないのです。
国土交通省の皆様、あなた方も地元住民と同じ日本人であることを忘れないで下さい。良心と誇りを忘れないで下さい。

ご存じですか、砂防ダム建設を

皆さんはご存じでしょうか。私も知りませんでした。昔の川辺川に比べれば最近は水量が減り、昔の美しさ、豊かさでないその原因を。

その大きな原因が川辺川上流の相良村、五木村及び泉村の砂防ダム建設だそうです。現在九八個建設すみで、今後一三三個建設し、川辺川へ流れ込むすべての渓流がズタズタに寸断されていくのです。

全く私たち住民の知らないところで、恐ろしい事が行われているのです。自然は少しずつ破壊されつづけているのです。小さな渓流から流れてくる砂や栄養分が川と海を豊かにしているのですが、渓流を寸断することは、川と海の栄養源を断っているのです。

こうして少しずつ、海は病んでいきつつあるのです。八代海の漁師の皆さん、声を大にして抗議しましょう。

国土交通省は防災の目的で、地域住民の要請で建設していると言いますが、本当でしょうか。国土交通省の本来の目的は、川辺川ダムへの推砂を防ぐことだと誰でも想像がつきます。ダム本体建設が決まってない段階から、私たち地域住民に知らされることなく事は着々と進んでいるのです。砂防ダム建設においても、川辺川ダム本体建設と同じように、計画段階における住民参加・情報公開の必要性が求められます。

川辺川流域の砂防ダム位置図

第三章

歪められた民意

民意

民意とは
民《たみ》の意見
民《たみ》とお上《かみ》
昔から日本は
お上《かみ》の考えに
逆らうことは許されなかった
その流れは
平成の現在でもつづいている
しかし
民意をいつまでも
無視しつづけると
いつかは怒りは爆発する

歪められた民意

国土交通省は、流域市町村長の意見を民意と考えているようですが、川辺川ダム問題については、流域の住民と首長との間にダムの考えでズレがあるのです。歪められた民意を国は民意と錯覚しているようです。

本当の民意は、ダム見直しです。このことは流域住民はわかっています。潮谷熊本県知事もわかっておられるように、彼女の発言から感じられます。

「熊本日日新聞」では、平成十三年六月四日から六月十二日までの一週間「三十六年目の民意――動き出した住民投票運動」の特集を連載しました。その担当者の蔵原博康氏が私にインタビューに来ました。「熊本日日新聞」のインタビューの中で、私は、

「人吉市に移り住んで十二年。球磨川流域の山歩きを通じて川辺川の美しさに魅せられ、ダムにも関心を寄せてきました。

患者さんと話してもダムに賛成の人はほとんどいません。でも、いろんな地域のしがらみの中で、みんなあきらめている感じがしました。行政と住民の意識がかけ離れていると感じていましたが、病院経営の立場もあり、ダムへの疑問を抱えたまま十二年間沈黙を続

けてきました。

しかし、今にもダム本来の工事が始まろうとしている今年二月、藤原宏氏、高瀬市議及び村上市議にすすめられて、市民の真意を聞こうと三月『住民投票を求める会』を結成しました。同会は、広く市民の理解を得られるよう、
一、ダム促進、反対ではなく民意を問う運動とする。
二、五木村の生活再建に支障がないよう、賛否の対象を本体工事に限る。
などの方針を打ち出しました。

ダムができても洪水が完全になくなるわけではないし、それどころか人吉市民の多くは、昭和四十年の水害の体験より、ダム非常放水の危険性を心配しています。何よりも一番心配していることは、美しい自然が破壊されることです。巨大ダムができてしまえば取り返しがつきません。

本来なら事業を始める前に、どの程度の治水が望ましいのか、環境や暮らしへの影響はどうか、ダムを含むさまざまな選択肢を国が住民に示して決定すべきだったと思います。

このダムは治水も利水も、多くの受益者が受益者と思っていないところに問題の核心があります。政治の原点は、まず住民の意向を正しく把握することではないでしょうか」

と述べています。

そして、人吉市の住民投票を求める会の工藤益雄会長は「みんな住民運動なんか初めて

で、不安もあった。だが、本体工事は目前。いったんコンクリートが川をせき止めればもう取り壊せない。市民が意思表明できる機会は今以外にないと決断した」と言っておられます。詳しい内容は、熊本日日新聞ホームページ（http://www.kumanichi.co.jp）「考・川辺川ダム三六年目の民意――動き出した住民投票運動」をごらん下さい。

シンボルマークや、「みんなで決めよう!!　川辺川ダム」の文字が入った幟が町の中にはためいた

川辺川ダム世論調査

人吉市九日町　**木本雅己**

川辺川ダム計画について賛成・反対を問う世論調査が、「朝日新聞」により行われ、その結果が発表された。それによると調査の対象者は、熊本県全域、および流域市町村の有権者で、ダム建設計画に反対の人の数が、賛成の二倍という結果がでた。

この数字は、住民が川辺川ダムを望んでいないなによりの証明であり、無理やりダム本体工事に着手しようとしている国土交通省は、この熊本県民の意志を尊重し、即刻本体工事の中止を検討すべきである。

五木村の西村村長は、「反対と言うのは水害を体験していないか、忘れている人たちだ」とコメントされているが、人吉球磨の「水害体験者の会」の人達は、市房ダムによる洪水を体験しダム放水の恐怖を忘れていないからこそ、川辺川ダム建設に反対しているのではないだろうか。

また過去に水害常習地帯といわれた地区に住む人達のほとんどが川辺川ダム建設に反対

なのも、ダムによる放水の恐怖を決して忘れていないからではないだろうか。また五木村長は「下流を守るためにダムを受け入れた五木の歴史を忘れてもらっては困る」と言われているが、ダム建設が水害を防ぐと言い続けてきたのは、下流の住民ではなく、国土交通省の役人や、それに追随する一部の人間なのである。

付記

平成十三年七月二十四日の「熊本日日新聞」による「川辺川ダム世論調査」の発表では、熊本県全体で建設中止二五・八％、建設凍結五一・六％、建設推進一一・五％であった。「凍結」「中止」は実に八割に迫る数でした。いかにダム建設について熊本県民が疑問に思っているかがわかります。

この数を住民との対話と環境重視をいっておられる潮谷義子熊本県知事も無視できないと信じております。

国はどうしてこの世論を無視するのでしょうか。政治の原点は、住民の意向を正しく把握することではないでしょうか。

市の説明責任

人吉市西間下町　**木下陽子**

人吉市議会一般質問が、十二月十三日で終わりました。質問者九人の議員のうち、五人の議員が川辺川ダムに関する質問をしたようです。漁業権の収用裁決申請がなされようとしているいわば山場のこの時期に、ダム建設による最大受益地である人吉市の市議会で盛んな論議がなされることは当然のことと言えるでしょう。

しかし、ダム関連質問をしたのが、ダム建設反対の議員だけだというのは、とても不思議な気がします。川辺川ダム建設の功罪をめぐっては、今や全国からたくさんの声が寄せられ、また先日の「川辺川ダムを考える住民大集会」では、白熱した住民討論があったばかりです。このような大事な時期に、ダム建設推進を声高に唱える議員が、農家や水害体験者の立場に立った質問をしないのはなぜでしょうか。この意味を市民はよく考えるべきではないでしょうか。

最近、新聞社による世論調査で、ダム建設反対の声が流域自治体では五九・四％（賛成一九%）であるとの結果が出ています。人吉市があくまでも「ダム推進」の立場をとるならば、ダム建設の必要性に対し国に説明責任があるのと同じように、自治体として、なぜダム建設推進なのか、市民に対して納得のいく、わかりやすい説明をする責任があるはずです。市議会では、市民大集会を開くことを要望する一般質問も出ています。ぜひ実現してもらいたいと思うのは私ばかりではないと思います。

しがらみ

ダムはしがらみ
ダムはしがらみそのもの
コンクリートで造った
しがらみをダムという
　木で作れば柵と書き
　竹で作れば篩と書く
しがらみとは、水の流れを
　せきとめるもの
　くいを打ち並べて
　これに竹や木を横に
　固定したもの
しらがみは水の自由な
　流れを束縛し奪うもの

転じて
しがらみは人の心の自由
　行動の自由を奪うもの
ある国語辞典では
　引留
　邪魔
　妨害
　脅迫を意味すると有る
しがらみの中にながく
　とどまると水も心も
　その美しさを保てない
少なくとも清らかな
川辺川の水だけは
しがらみ（ダム）の中にとどめたくない

付記
今こそ、私たちは、しがらみから抜け出す勇気が求められています。

しがらみ考

球磨郡医師会長　相良村　**緒方俊一郎**

私どもが住んでいる相良村の住民にとって川辺川は、母なる川で産湯を使い、その水を飲み、流域の動植物を始め環境のめぐみによって命を支えています。殆どの住民の心には「ダムはいらない、作らないでほしい」という願いを強くもっています。しかし、その心の声を口に出していうことは勇気の要ることです。本心ではダムは要らないと思っている自治体の長が、しがらみの中で縛られ、ダム推進を言い続けています。本当に必要なのか、一般住民の側に立って十分検討し、勇気を持って不要だといってほしいものです。土建業者の中にさえダムは不要という声が上がっています。

尺鮎の踊る川辺に夕立ちて鳴る神に追われ川童走る

二〇〇一年　盛夏

しがらみの中に

人吉市北願成寺町　有本青波

しがらみの中に人等は生き継げり闇の亀裂を日々深めつつ
源平の歴史を秘めしこの里を沈めて国は何を得むとや
住民投票に川のいのちを委《ゆだ》ねよと黄色き旗が街頭に立つ
川よ死ね鮎も絶えよと云ふごとく川辺川堰くダム冷酷に

人吉市南泉田町　外山　英

清流を汚すことなくのちの世に球磨の自然を渡してゆかむ

肥薩線と湯前線

私　「僕は川が好きなんです。ただそれだけなんです」

岩井実議員　「私も好きですよ、私も十九歳よりダムに反対していたんですよ。先生のいうように、人吉の二〇〇人に聞いても誰もダムには本心は反対ですよ」

私　「では、どうして協力できないんですか?」

岩井実議員　「議員になって、いろいろ勉強するうちに、そのうちに、いろいろあるんですよ。立場もあるし、五木のこともあるし、そう簡単じゃないんですよ」

私　「いろいろと、しがらみがあるのは承知でお願いしているんです」

岩井実議員　「これまで湯前線に乗っていて、急に肥薩線に乗りかえろといわれてもそう簡単には乗りかえられませんよ」

私　「乗りかえなくてもいいんです。ただ市民の声、有権者の声を聞きましょう。乗りかえるかどうかはその後で、あなた自身が判断すればいいんじゃないんですか。市民もそれを願っているんではないでしょうか」

以上、実話です。

岩井実議員も本心では、ダムに反対なのがよくわかります。自民党員になると多くのしがらみが生じ、本心を表現できなくなるようです。結局、彼は法アセスにも住民投票にも反対しました。

ここでも「人間を幸福にしない日本というシステム」の壁を感じました。

先人から引き継いだ大切な川（一）

人吉市南泉田町　**溝口幸治**

私は、商工会議所勤務の時に人吉市の観光ビジョン策定に取り組んだことがありました。

その時には、人吉球磨の観光を考える上ではどうしても「球磨川がキーポイントになる」ことに気づきました。

もし、ダムができたら球磨川下りはできるのだろうか？　ラフティングはできるのだろうか？　日本三大急流の一つではなくなるのではないだろうか？　今の球磨川があってこそ人吉らしさがあるのではないか？

こんな事を考えていると人吉球磨の観光面から判断したときには、ダムはない方が良いのではないかと思うこともありました。

しかし、議員になり色々調べていると人吉球磨にも多くの方がダムが必要だと主張されている方がいらっしゃいます。また、現実に五木村の住民の方の中にはダム建設の犠牲になり村を離れた方がおられます。

人吉球磨の市町村長、議会はダム建設推進で現在動いています。これは多くの住民が建設を望んでいたからこのような結果になっているのでしょう。

二十一世紀を迎えるに当たり、「環境問題」「無駄な公共事業に見直し」などが注目されるようになり、時代の変遷と共に本当にダムが必要なのか？　といった議論が湧き上がるのは当然のことでしょう。

推進派か反対派かといった分け方ではなく、「環境問題」「観光に与える影響」「水質、水量の問題」「もし中止にした場合の移転された方々への補償の問題」など今一度調査研究しても良いのではないでしょうか。

新聞やテレビの報道ではいかにもダムはいらないといった形の報道のされ方をされますが、建設業に携わる方、あるいは農業に携わる方の中には本当にダムの建設を心待ちにされている方がおられることだけは認識しておく必要があるでしょう。

ただ言えることは、球磨川は私達の時代だけのものではないし、人吉球磨の住民だけのものではありません。

先人から引き継いだ大切な川であり、次の世代に渡さなければならない川です。次の世代にどのような形で渡すかは、今の時代を生きる私達が真剣に考えなければならないことでしょう。

（平成十二年八月二十三日、溝口幸治市議ホームページより）

先人から引き継いだ大切な川（二）

川辺川利水事業の対象農家四〇〇〇人のうち、半数を超える二〇〇〇人以上の人達が水はいらないといっています。しかし、逆に二〇〇〇人近くの人が水が必要だといっています。

人吉球磨の市町村長はすべてダム賛成です。議会もすべて賛成の立場をとっています（もっとも私が議員になる以前にですが）。数日前に潮谷知事が現地を訪れ市町村長、議長とも懇談会を開催されたようですが、その時にも早期建設の要望をされています。

地域住民が選んだ代表が建設を要望されている以上、国も県もそれが地域の思いだと考えるのは当然でしょう。

私が議員になってから、ダムについて賛成・反対の議論をするような場面はまったくありません。ダム特別委員会がありますが、ここでは賛成・反対の議論などをする場ではなく、建設に向けて人吉市が建設省に要望している項目をチェックしていくことが主なようです（私は所属していません）。

要するに、賛成か反対かといった議論は過去のものとして事業は粛々と進んでいるのが現状です。

極端なことを言えば、議会や市町村の執行部に再びダム建設の賛否を問うような議論をする場を設けるには、ダムについて反対あるいは疑問を抱いている市町村長に変えてしまうことができれば不可能ではないかと思います。

本当に必要でないと思っている住民が多ければ変わるはずだと思います。

私も現在は色々な方の話を聞いて勉強しているのが現状です。近い将来、議員として再び賛成か反対かを判断するような場面が来ることも十分予想されます。

その時には、先人から引き継いだ川を次の世代にどのような形で渡すのが良いのかしっかりと判断を下せるように努めていきたいと思います。

（平成十二年九月八日、溝口幸治市議ホームページより）

溝口君、親しみをこめてこう呼ばせていただきます。

彼とは、うちの病院のソフトボールチームで一緒に汗を流した仲です。若い彼の活躍で優勝もしました。溝口君も、人吉市会議員になる前の、商工会議所の時には、ダム建設に疑問をもっていたのがよく分かります。

彼への期待が大きかっただけに、彼がダム推進論者に変心していたのには驚きました。彼は法アセスにも、住民投票にも反対しました。

溝口君は、人吉球磨の市町村長、議会の考え方と地域住民との考え方が同じと思っているようですが、岩井実議員も言われているように、大きな隔たりがあるからこそ、私たちは住民投票に訴えているのです。何が議員になった彼を変えたのか私は知りません。先人から引き継いだ大切な川を、彼はどのような形で次の世代に渡したいと考えているのでしょうか。もしダムができて将来人吉市民の多くが後悔するとき、市議の中で一番若い彼は一番長い間、悩むことになるでしょう。

球磨川と人吉観光

私は人吉へ移り住んで十二年になりますが、人吉の魅力はなんといっても「球磨川」だと思います。人吉へ住む前にも、球磨川の美しさに惹かれ、何度か遊びに来たことがあります。

三カ月ほど前の「人吉新聞」に人吉温泉観光協会の総会のことが詳しく載っていました。その中で、「人吉の観光は、球磨川下りと鮎。観光協会の総会で、川辺川ダムについてが話題にならないのは不思議」との質問に賛同するのは私だけでしょうか。多くの市民が同じ疑問を持っていると思います。その質問に対して、渕田会長は「今までの推移からしてダムは作らなければならない」と答えたと書かれていました。

個人の意見ならともかく温泉観光協会の会長としての、つまり球磨川下りをはじめとする球磨川観光と自然を基盤にする団体の責任者としての答では納得いかないと思いました。どうして協会でダム問題を議論しないのでしょうか。同席しているお偉い人に遠慮していらっしゃるのでしょうか。ダムができたらどうなるのかをご存じでいらっしゃるのでしょうか。

人吉温泉観光にとって、球磨川の自然、川下り、鮎は、まさに生命線と思いますし、観光産業の不振は人吉の景気の不振につながると思います。観光産業の盛衰は、人吉全体の問題だと思います。そんな大事なダム問題の論議を避けて通ろうとする渕田会長はじめ協会幹部の方々の真意が図りかねます。

川辺川ダムができれば、川下りはどうなるのか、鮎漁はこれまで通り続けられるのか、心配なことがたくさんあるはずです。それが観光協会でまともに論議されないとは不思議でなりません。観光で立っていかなければならない人吉なのに、あまりにも無関心すぎるのではないでしょうか。

人吉に移り住んで、ますます球磨川が誇りに思えてきました。このままの球磨川、さらに自然を生かした観光人吉であることを心から願っています。

付記　しがらみの中にいると何が正しいのか、どうすれば人吉の将来にとって良いのかの議論さえ避けるようになるのでしょうか。しがらみから抜け出す勇気が人吉のリーダーにも今、求められているのです。

後で聞くところによると「観光協会の総会で、川辺川ダムについてが話題にならないのが不思議」との質問をしたのは、前田保議員とのことです。彼は、これまでのしがらみを絶ち切って住民投票に賛成しました。

二〇〇一年の夏の思い出

正しい事が必ずしも
通らなかった事
歯痒い思いをした事
私の常識が必ずしも人吉
のリーダーの常識でなかった事
どうして君が本心を表に出さないのかと理解できなかった事
今年が最後かもしれないと、幾度となく川辺川を歩いた事
多くの川を愛する人がいると知った事
多くの友達ができた事
多くの人がはげましてくれた事
住民投票のために
頑張った二〇〇一年
一〇年後

二〇年後
二〇〇一年の暑い夏の思い出が良い思い出であってほしい
川辺川のために
球磨川のために
そして
子や孫のために

付記
この詩は暑い夏（八月）に書きました。人吉に来て十二年になりますが、今年の夏ほど、暑いと思ったことはありませんでした。
子と孫のためにどうしても美しい川を守りたいと思う気持ちが、私たちを駆り立てるのでした。このとき私は、住民投票条例が可決されるものと信じていました。信じていたのは私だけではなかったでしょう。潮谷熊本県知事も可決を期待していたと思います。

聖人君子

聖人は固定した心を持たず
人民の心をその心とする
これは老子の言葉

首長の心が人民より乖離したとき
我執
頑固
強情
これらは人民を不幸にする
首長が人民の心を解しないとき
我執
頑固
強情

これらは聖人を対極と化す
つまり暴君となる
我々人民は我々首長に
聖人になれとはいわないまでも
人民の心を押し潰さないでほしいと願う
人民の心に少しでも
　　敏感であってと願う

付記
市長さん郷土愛を忘れないで下さい

住民投票に反対する市長の理由

元来、住民投票は、住民の総意を把握するというメリットがある反面、議会での審議と違って、討論や議論を抜きにして賛成、反対を問うためそれだけ感情に支配されやすく、合理的な判断ができない危険性があるとも言われております。

特に今回の運動は、「闘争をあおり、世の中を混乱状態にする」ことを得意とする一部政党のやり方によく似たところがあり、とても認められるものではありません。

（「住民投票に反対する福永市長の意見書」抜粋）

市長は、これほどまでに、どうして住民投票に反対するのでしょうか。

裏をかえせば、住民投票をすれば大差でダム反対が多いのを知っていたからに他ならないからでしょう。

議員工作までされた市長を、まさに暴君と感じたのは、私一人ではなかったでしょう。

新潟県巻町での原子力発電所建設の是非を問う住民投票や徳島市の吉野川可動堰の是非

を問う住民投票など、大切なことは主権者である住民自身が決めるという住民参加の流れは、民主主義そのものです。

今春から中学校で使われる社会科（公民）の教科書にも、吉野川可動堰の是非を問う住民投票が採り上げられています。中学の教科書でさえもその意義を認めているのです。住民投票の否定は民主主義の否定なのです。

市長は、住民投票条例成立の大きな壁になっただけでなく、国土交通省が申請した漁業権の強制収用という野蛮行為にさえも、市民や人吉議会の意見を聞くことなしに、いち早く容認の記者会見をしました。人吉市民として本当に悲しいことでした。

住民投票こそ民主政治

人吉市東間下町　**東　慶治郎**

ダムについて市民一人ひとりが意見を表明するということは、十年後、二十年後、あるいは百年後かもしれない将来に責任の一部を背負うということでもあるのです。

今、各市町村長さんはダム促進ということで、事を進められていますが、その責任をお一人で、あるいは議会の議員さんとで背負うということを考えると、その重責は並大抵のものではないとおもわれます。それよりも市民それぞれに未来への責任を自覚してもらうことで、その責任を分担する、つまり人吉でいえば、有権者三万人余に分かち合うと考えれば、住民投票こそ民主政治の根幹と言っていいでしょう。

それにしても思い出すことがひとつあります。川辺川利水事業のことで瓦屋町の農水省の水利事務所へ異議申し立てに行った時のことです。多くのマスコミの人々を前に、利水訴訟原告団団長の梅山究さんが「これは人吉・球磨歴史開闢以来の事件であります」と言われました。私はそれを聞いて「何を大げさなことを言う」と内心、思ったものですが、裁判の日時が過ぎるにつれ、個人の真の意見を公に言うことが、地域としてこんなに困難なことだったのかと改めて気づき、あの梅山さんの言葉の重みがしみじみと胸に響きます。

公の機関に行って意見を表明する勇気はなくとも、自分の意思を表明する機会は与えてほしいと思うのです。

すまんが書けんたい

息子が市役所じゃけん
すまんが
書けんですばい

うちん人が市役所勤めなんで
すみませんが
書けません

甥っ子が市役所に世話になってるんで
やっぱし　すまんが
書けんたい

学校給食勤めなので……

しかし
私も陰から応援しています

付記
本当に多くの人に喜んで署名して頂きました。その数は一万六七一一名（有権者の五五%）になりました。私たち夫婦は、約三〇〇名の人に署名を集める受任者になって頂きました。そして妻と二人で二十日間で、三五三名の人に署名して頂きました。妻と二人で人吉の一番暑い夏を経験しました。
大部分の人が本当に喜んで署名してくれたと信じています。野菜をおみやげに頂いたこともありました。本当にありがとうございました。
その一方で、人吉市長の市役所職員に対する権力の大きさを感じました。もし市長さんが中立を保ったら署名数はさらに多く、そして市役所の職員も、本心を出しやすかったのにと、感じたのは、私だけでしょうか。そして民主主義について改めて考えさせられました。

私書けないの

私、美しい川が好き
　でも、私書けないの
どうして
お父さんより書くなと
　　言われたから
お父さんは何をしているの
ポリスマンです
わたしは涙が出てきそうになった

私、ダムがない方がいい
　でも、私書けないの
どうして
お父さんから書くなと

言われたから
お父さんは何をしているの
市役所です
わたしは悲しい気持ちになった

付記
この運動をしながら民主主義とは何ぞや、といく度となく疑問になりました。日本では民主主義は、未だ実現していないというウォルフレンの言葉は現実味があります。

魂を預けまい

人吉市浪床町　**坂本福治**

「私なんかも、ダムはでけんほうがよかと思うとっとですよ。そっばってんかですなあ……」

川辺川ダムに賛成か反対かの意志表示をするための住民投票を求める署名を辞退した人の声です。

勤め先から署名をしないように、きつく言われているらしいのです。

昭和二十年の八月十五日の終戦以来、五十数年かけて学んできたはずの民主主義はどこに消えたのでしょう。

葉っぱだけが茂って、土の中に根はなかったと言うしかありません。

五十数年前、誰でもしないほうがいいと分かっていた戦争に「ノー」と言わなかったのと、どのくらいの違いがあるでしょう。

勤め先との関係のために、自分独自の意志を表わすことを、当然のように捨てる姿を見て、私はそら恐ろしくなりました。

その勤め先も、民主主義を踏みにじっていることははなはだしく、末永く市史の汚点となりましょう。

世論の八割が、川辺川ダムの中止か凍結を望んでいると、「熊本日々新聞」が報じていました。これは情緒によるのでなく、せっぱつまった事実にもとづいた声です。

こんな中で、住民の意志が充分に反映されないままダムが作られてしまったら、郷土の負の勲章となってしまいます。

市民の皆さん、たった一回限りの人生の権利を、空カンのように軽々しく捨てないで下さい。

自分の魂を人に預けず、自分の魂として生かしましょう。未来の子孫たちのために今一つ、勇気を出しましょう。

失われた大義名分

国は、地域住民の
　財産と生命を守る為に
　地域住民の強い要望にて
　ダムをつくるという

地域住民は
　川に近い人ほど
　ダムはいらないと
　いっている

地域住民で
　四〇年の水害を
　体験した人ほど

ダムはいらないと
いっている
ダムのほしい地域住民
とは一体、誰なのですか

付記
五木村長も、人吉市長も国土交通省も、住民の財産と生命を守るためにダムをつくるという。これが建設の大義名分である。
川辺川ダムに本当に公益性があるのだろうか。公益性判断のためには、地域住民をはじめ、賛成・反対など多様な立場の利害関係者が参加する合意形成の場が必要と思います。そういう意味でも公開の議論をつづける必要があります。たった一回の公開討論では、全く不十分です。

川辺川土地改良事業

川辺川利水訴訟原告団長　相良村　**梅山　究**

最近、農水省構造改善局に捜査当局のメスが入り、構造的な汚職の実態が国民の前にやっと明らかにされつつあります。農民のために土地改良事業を推進するはずの構造改善局の官僚たちが、ゼネコンや地元の政治家たちと結託して土地改良事業で私腹を肥やすということをやっているのです。まさに日本の農業政策の矛盾の根源がここにあるのです。

これは、氷山の一角に過ぎず、事件の起きた四国だけに止まりません。私自身も過去に幾多の思い当る事例を見聞きしてきました。九州の片隅・川辺川で起きている土地改良事業もこうしたことと関係がないとは言えないのです。

川辺川土地改良事業では、さすがに忍耐強い人吉・球磨の農民たちも、農民の意見を無視した高圧的な手法に対し、積年の怒りを爆発させました。

誰のためのダム

五木村民の声
「五木村がダムを造って
　ほしかと頼んだ
　わけではなかと
　ですよ」

五木村長の言葉
「下流域住民の命や
　財産を守るための
　苦渋の選択です」

相良村民の声
「今となっては遅かが

ダムができんに
こしたことなか」

人吉市民の声
「我々の為にダムば
造ってくるっというが
そんなもんは
ほんとんことといえば
いらんたい」

人吉市長の言葉
「苦渋の選択をした
五木村民のためにも
ダムの早期完成を願う
ことが道義的
人道的な責任である」

付記

五木村長は人吉市民のためにつくるというし、人吉市長は、五木村民のためにつくらねばならないという。真に不合理な理屈です。このダムは、治水も利水も多くの受益者が受益者と思っていないところに問題の核心があります。大義は既に失われています。政治の原点は、まず住民の意向を正しく把握することではないでしょうか。

そこに生きる住民の生の声は無視されて大きな権力の厚い壁にはばまれています。『国が川を壊す理由』（葦書房刊）という本の中で、福岡賢正氏も、川辺川ダムは誰のためか疑問を投げかけています。

先進国といわれる日本の民主主義とは、一体何なんだろうか？

「天国と地獄」

球磨川下り元社長　人吉市九日町　**富田恵喜**

以前、川辺川ダム建設が計画される中途で欲心の強い権力者達が、無知な人々を巻き込んで、不当な利益を試みたそうな。しかし、心ある人々もおり、この人々はダム建設に反対し自然を守るために住民投票で決定するという民主的なルールを作り、ダム建設が中止になったそうな！

そこで自然を守る神々が集まり、五木の伝統と自然を文化遺産にしたらという事になり、天国村となったそうな。

では欲心の強い人達はどうなったのですか、この人達の計画で球磨川下りはできなくなり、舟と船頭は岡に上がったと聞きますが、それはそれは大変な事があったそうな！

魔神や鬼・お化けが集まり、人心を裁く為に閻魔大王と処刑人まで天上より降りて来て、地獄絵巻となったそうな。権力者の中には、金を出して処刑の身代わりまで立てたと聞く。地獄の沙汰も金次第という事で閻魔大王に金銀財宝を積むが、その周囲には金銀を欲しがる化け物が集まり、取り上げてしまったそうな。天上からは火龍が降りて来て、市房ダムと本流球磨川を焼き、人々が住むどころではなくなったそうな！
天国となった川辺川では、ダム反対者達が自然の美しい清流と急流を楽しみ、自然公園となった五木の美しい花園と川のほとりには天女達も舞い降り、この楽園を守るように天国の天地の神々や水の神々が天地を照らして楽しい生活をしているので、多くの自然愛が生まれたという事である。

付記
巻頭のグラビアページの絵を参照して下さい。

経済効果

経済効果
この言葉には誰も弱い
生活の苦しい人も
そうでない人も
つい期待してしまう

本体工事の
地元への経済効果とは
一体どれほどだろうか
完成による地元の損失とを
真剣に
比較したことが
あるのだろうか

損失は
半永久的につづき
お金には換算できないくらい
大きいと思われます

ダム建設を大きな
チャンスと考える市長
にはどうしても
賛同できません

ダム建設による地元の
損失を考えたとき
背筋が寒くなるのを
禁じえません

もし、川辺川ダム建設が中止されるようなことになれば、地域の農業の活性化は望めなくなるとともに、建設業及びその関連企業をはじめ、いろいろな企業、商店の倒産が発生するかもしれません。

当然、失業者が出ますし、治安も悪くなるおそれがあります。

川辺川ダム建設には、完成予定の平成二十年までの間に一千億円以上の極めて大きな予算が投入されるはずです。

そうしますと、市内のあらゆる方面に何らかの経済効果が出てくるでしょう。零細企業とその従業員家族の生活を救うためにもこの大きなチャンスを生かすべきではないかと私は考えます。

一日も早くダム本体工事に着手してほしいものです。

（「住民投票条例に反対する市長の意見書」抜粋）

付記

ダム建設の大義は、経済効果へと既に変質しています。あり余るお金のあった時代では、無駄と思われる公共事業でさえも異論は少なかったでしょうが、国の累積赤字が六五〇兆円に達した現在では、公共事業を見直し、財政赤字の累積を計画的に削減することが、国及び国民の責任でないでしょうか。その象徴的存在が、ダム問題ではないだろうか。

美しい自然を犠牲にしてまで、一千億円の事業の経済効果を期待するのは、まさしく、「地域エゴ」でないでしょうか。

国と同じように、熊本県財政も崩壊寸前なのです。県債残高は一兆二〇〇〇億円にも達し、借金を新しい借金で返している状態なのです。熊本県は、近い将来、財政再建団体(企業でいう倒産)へ転落しそうな状況なのです。あまりにも多くの箱物を前知事がつくり過ぎたといわれています。箱物は維持費も馬鹿になりません。

利水や、砂防ダムなど含めたダムにからむ事業の総費用は四〇〇〇億に達し、県の負担分は約一〇〇〇億円になります。税金をダムに使いたいかどうか、今こそ真剣に考える必要があります。

議会民主主義

市民の考えと
市長及び議員の考えとが
ズレてくると
市民は何らかの
手段に訴えるしか
ありません

その一つに住民投票
があります

川辺川ダム入札企業の
オーナーが議長であるとき、
公平な議会運営が

できるかどうか疑問です
私はこの度、生まれて初めて
人吉市議会を傍聴し
その事を実感しました

あえて住民投票を
しなければならない
市民は不幸です

付記

「サンデー毎日」（平成十二年十一月五日号六、七ページ）に川辺川ダム入札企業及びその受注額の一覧表（平成一年～十二年間）の記事があります。

五木村議会議長がオーナーである大乗建設、人吉市議会議長がオーナである犬童建設の名前もあがっています。議長は、議会民主主義を維持するのに大切な立場にありますが、ダム関連事業の工事を請け負う建設会社のオーナーであるとき、公平な議会運営ができるかどうか疑問に思うのは、私一人ではないでしょう。

続・郷土を愛す

沈む村
できて涸れる村
涸れて寂れる町

沈む村の人も
できる村の民も
涸れて寂れる町の人も
故郷を愛す

ダムが故郷を壊すこと
　は誰も承知している
本心からダムを望む人
　は少数だ

故郷を愛する人にダム
　を望む人はいない

故郷が沈み消えるのを
　民は泣いている
故郷の水が涸れるのを
　民は悲しんでいる
涸れて寂れる故郷を
　民は憂えている

郷土の人はダムによる治水も
　利水も意義の少ないことを
　誰も承知している
郷土の人にとって
　これほど不合理なことはない
なのに偉い役人も議長も村長も市長も
　遮二無二作ろうとする

たぶん彼らの愛すべき故郷は
　　異なる土地なのだろう

この美しい自然は
　　誰のものか
このすばらしい故郷は
　　誰のものか
今一度問い直そう
そして
あとで悔やまない為に
今できることをしよう
もう躊躇する時間はない

付記
議員さんの郷土愛を信じています。

郷土を愛する人々よ

人吉市北願成寺町　藤原　宏

一、先祖が慈しみ、愛した
　子守唄の古里・五木村
　生命の糧を与え続けし
　久遠の流れ清流川辺川
　今、滅亡の危機に瀕す

二、母なる大河清流球磨川
　市房ダムにて死滅寸前
　演出されるダム感謝祭
　住民だましのデマ宣伝
　建設省とは国土破壊省

三、四十年昔の話ダム建設
　目的は強引に三転四転
　うそで固めたダム建設
　農民だましの利水事業
　今こそ起さん百姓一揆

四、四十年の水害の真犯人
　市房ダムから異常放流
　被害者が受益者となる
　治水目的の川辺川ダム
　ダム洪水を恐れる住民

五、自然破壊は自滅への道
共に守らん故郷の山河
願いを込めた署名六万
良識通じぬ人吉市議会
市民を裏切りダム促進

六、ダムは埋まり災害の元
環境破壊と税金の浪費
建前で動く議会と行政
お先真っ暗郷土の未来
聞こえぬか住民の怒り

七、あん人たちゃよかたい
補償金もろてよか所へ
残るおどんが犠牲者よ
利害と建前不信渦巻く
五木の里は金権の餌食

八、先祖の魂湖底に沈めて
ダム湖に空しい子守唄
アユも住めない川辺川
新茶も濁る悪臭ヘドロ
汚名残すか利権政治屋

九、自然は人間の物ならず
五木は五木の物ならず
天与の恵み万物の住家
破壊の権利誰にありや
怖い自然のしっぺ返し

十、生れ育った美しき山河
愛しき生命神秘の共生
学び伝えん生活と文化
先祖の思い子孫の幸せ
ダムに沈め後悔なきや

付記

昔から川辺川ダムに疑問をもちつづけていた藤原宏氏などは、平成六年にも人吉市民の一万三〇〇〇名の署名を集めてダム見直しを求める陳情を人吉市議会に提出しております。残念ながらこの陳情書は、とりあげられることはありませんでした。

地元の清流球磨川・川辺川を未来に手渡す流域郡市民の会（会長・緒方俊一郎氏）や、漁民有志の会（代表吉村勝徳氏）の皆さんも昔から、川辺川ダムの建設に反対しつづけてきましたが、国土交通省、首長をはじめとする大きな権力の厚い壁にはばまれてきたのです。

しかし彼等の地道な運動を核として今ようやく民意が明らかになりつつあります。民意の顕在化の遅れの一端は、私たち人吉市民の責任です。今こそ、声を大にして本心を言う勇気が求められています。もう躊躇する時間は残ってないのです。

第四章

「いまさら」か「いまから」なのか

未来思考

孔子も言っています。
あやまちを改むるにはばかることなかれ、
あやまちて改めざる、これをあやまちといふ。

未来思考（志向）で生きようではありませんか。
美しい自然は誰のものか、
子や孫の視点にたって判断しようではありませんか。

「いままで」よりも「いまから」が大切なのです。
「いまさら」と言わずに「いまから」
を大切にしようではありませんか。

今だからこそ

何を今さら
　今だからこそ
何を今さら
　いや時間とともに
　ニーズも変わる
何を今さら
　いや時間とともに
　地域住民の意識も変わる
何を今さら

いや何年たっても中止する
勇気も必要

何を今さら
いや何年経とうとも
本当の幸せはどちらかを
真剣に考えよう

付記
北海道白老町を流れる白老川。川辺川と同様、環境庁から、「日本一の水質」と評され、たくさんの鮭が溯上する清流白老川。

この山間に治水と工業用水を確保するためにダム計画が持ち上りました。計画策定から二十三年経過した平成十年、事業主体の北海道庁は、時のアセスメントで「白老ダムに社会的ニーズはなくなった」とダム中止を決定しました。

国土交通省も、この例を見習って、川辺川ダムにも「時のアセスメント」をしてほしいものです。この今だからこそ、本当に今だからこそ。

多くの地域住民のお願いなのです。

平成十三年九月六日に福永市長は、「住民投票の署名数が多いからといって、ダム促進の考えを変えることはない。何を今さら、どうして人吉市で住民投票を求める署名運動が行われたか分からない」と言っています。

しかし、私は最後の最後まで市長さんの心の中の善を信じていました。そうでないとあまりにも悲しいことです。

水俣病の教訓を生かそう

小児科医　八代生まれ現在熊本市　**西山宗六**

医療現場では、患者に病気の診断と、治療方法を事前に説明し同意を得るインフォームドコンセントが当たり前だ。公共事業についても、住民に十分な説明をしなければならないが、川辺川ダムについてはそれがない。問題をあいまいにしたまま工事を進めることは、厳に慎むべきだ。ダムができれば球磨川、八代海へと影響を及ぼし一体を「死の海」にしてしまう。

川辺川ダムは計画発表から三十六年がたっているので、その実効性や影響を科学的に分析した上で、事業の是非を再評価すべき時期にきている。ダムや川を取り巻く状況が大きく変わったことを考慮し、中止するという結論を出してもらいたい。

水俣病では、行政が原因企業チッソを懸命にかばい続けた結果、世界でも例のない甚大な被害を出した。住民の生活と安全を守るためにどうあるべきか、公共事業にも共通するもので、水俣病の教訓を生かし、同じような過ちを繰り返してほしくない。

時のアセスメント

人吉市西間上町　**鶴上寛治**

病院で患者がその時点では最良とされた治療法を受けていたところ、その後、その方法に問題がありはしないか、との疑いが話題になり、患者は「今の治療法を一時停止して検討し直してくれないか」と求めた時、医者は何と答えるでしょう。

「その時点で最良の方法として決定したのだから、他の治療法が開発されても、検討し直すつもりは毛頭ない。あくまでこの治療法を継続する」と言うのでしょうか。

「ダム建設は十年前に一旦決めたことだから、いまさら環境アセスメントをする必要はない」という言い草はこれに似ていて、学問の進歩を真っ向から否定するものではないでしょうか。

十年早く反対してほしかった

その通りです
十年早く
いや二十年前に
いや三十年前に
反対すればよかった
遅くて五木の人は可哀想
遅くて五木の人は本当に可哀想

その当時
ダムがそんなに環境にわるいとは
知らなかった
国がすることに反対できない
多くの事情はあったし

国のいうことを多くの市民は
信じていた
ダムがそんなに環境破壊するとは
知らなかった

本当に反対するのが
遅くてすみません
しかし遅くても
しかしいくら遅くても
ダムができるより
できない方が多くの人に
とって幸せです

五木の人も許してくれると
　　私は信じています
神も信じています

付記

五木村から通院する私の患者さんから、大腸ファイバーの検査をする時、「十年早く反対してほしかった」とポツンと言われました。本当にその通りで、反論の余地はありません。しかし、調べてみると、人吉にもダム反対の歴史が全くなかったわけではありません。昭和三十四年～三十五年にかけて、電源開発（株）による相良ダム（川辺川ダムの前身）及び神瀬ダムに反対し、五木村を除く球磨郡民の七十日間に及ぶ不買運動まで発展した歴史があります。神瀬ダムは、結局できませんでしたが、一方、相良ダムは、昭和三十八、三十九、四十年の大水害の後、治水目的の川辺川ダムとして建設省によって再計画されたのです。

人吉の川辺川ダム反対の運動としては、昭和四十五年の人吉市議会の球磨川と自然を守るための宣言決議。昭和五十九年の①ダム対策協議会（土屋歳明委員長・現在は熊本県会議員）ダム見直しの署名運動の計画。②球磨川を守る市民会議（永田人吉市長、議長、商工会議所、人吉観光温泉旅館組合、球磨川漁協、ダム対策協議会）③清流球磨川を守る会（温泉旅館組合、人吉観光〔株〕、船頭組合）などの運動がありましたが、平成元年七月四日に、流域二市十七町村長による川辺川ダム建設促進協議会（会長・福永人吉市長）が設立されてからは、人吉市民のダム反対の声は（本心とは別に）小さくなっていきます。

しかしながら川辺川ダム本体建設が目前に迫ってきた今日、ようやくダム建設反対の声が大きくなってきたのです。五木を含めた流域住民にとって、ダムによる損失はあまりにも甚大です。未来志向で結論を出そうではありませんか。

おどまぼんぎり
　ぼんぎり
ぼんから先や
　おらんと
ぼんが早よ来りゃ
　早よもどる
花はなんの花
　つんつんつばき
水は天から
　もらい水

五木の子守唄に「水は天からもらい水」と歌われています。これは、自然に対する畏敬の念を表現しているのだと思います。縄文以来の歴史ある五木の文化をダム湖に沈めてしまうことは、先祖も子孫もそして神も決して許しはしないでしょう。

昔はダムの害は知らなかった

人吉市浪床町　**坂本福治**

私が通った中学校は、今の市房ダムの一番深い位置にあった。ダムの計画については、受持ちの先生から聞いた。昭和二十七年頃だった。

先生は「ダムが出来ると、モーターボートがビャンビャン走り、都会から沢山の人が来るようになる」と、誇らしげに、いいことずくめのように言われた。先生が得られた情報のすべてであったろうと思う。

ダムが出来ると水質が悪くなるとか、魚に影響が出るとか、大洪水を起こしやすいなどというマイナス面については全く知らされていなかった。

画家を目指して上京し、十五年後ある事情で帰郷すると、先生の話とは大違い。ダムは静かなもので、ボートは影もなし。

五木村は、長年川辺川ダムに反対していた。

「あの時なぜ応援せず、今になって下流域の住民が反対するのか」と、よく言われる。

あの頃は、ダム建設によるマイナス面の情報が、あまりにも少なかった。ダムによる弊害説が決定的になったのはごく最近になってからのことである。海にまで、その影響と思われる現象が現れた。

五木村のために私たちのすべきこと

私は、ダム建設が五木の繁栄につながるとは思いません。長期的展望に立って考えるとき、ダムのない再建策を考える方が賢明ではないでしょうか。過去にダムで栄えた村はありません。それは、多くの村で証明されています。ダムができてしまえば、五木村にとって何の得もありません。美しい川辺川があっての五木村、美しい自然があっての五木村と思います。

五木村の皆様、一緒になってダムのない村の繁栄のてだてを考えようではありませんか。本当に可哀想な五木の人に対して私たちのすべきことは、

一、ダムをつくらないこと。
二、ダム付帯事業を完成させること。
三、繁栄立村のてだてを図ること。

ダム本体事業の半分でも、繁栄立村のために使い、水没予定地を大きな河川公園化し、自然学習型キャンプ村、民宿村として村の振興を図る。

実際は、五木村民に具体的な繁栄立村の立案をしてもらう。国が五〇〇億円を助成する。ただし、五木の自然を壊すことは、助成しない。

「ダムを拒否した村」として有名となり、全国の大勢の自然愛好家も心からの協力を惜しまないだろう。私たちは、ダムの為には税金は一円も払いたくないが、五木村の為には喜んで税金を納めます。五木村再建基金を創設してもよいと思います。そして、県にも自立までの助成をお願いしましょう。

つんつん椿も子守歌の里もダム湖に沈めてはならない。歴史と自然は壊すことなく子孫へ手渡す責任があります。

一万六七一一の重み

民意とは何か
民主主義とは何か

市長さんは数の多さは
　関係ないという
市長さんは慶応の同級生に
　笑われる事だけは
　したくないという
市長さんは十四年前
　議員に頼まれて
　心を決めたという
市長さんは一度決めたら
　数の多さで変わらないという

私達は一万六七一一人の
　署名を集めた
本当に多くの市民が
　ささやかなお願いを
　していいるのです
本当にささやかな願いなのです

故郷を愛するために
美しい故郷を守る為の
ささやかな願いなのです
住民投票をしようではありませんか

民意とは何か
民主主義とは何か
今問われているのです

付記　私は信じています、議員さんの良識を。

8名の請求代表者と中沢代表幹事。前に並べられた署名簿2400冊。左より、坂本、中沢、前田、瀬戸、高山、工藤、竹田、編者、鶴上の各氏

選管へ署名簿の提出

平成十三年八月十三日、私たちは選挙管理委員会へ署名簿の提出をしました。人吉市の住民投票を求める会の集計では一万六七一一人の市民（有権者の五五％）が署名しました。選挙管理委員会の厳正な審査後の発表では、署名実数一万七三八四名、有効者数一万四六三五名（有権者の四八・五％）でした。この数は、しがらみに負けなかった驚くべき数です。この時も、住民投票は可決されるものと私は信じていました。住民投票で何かを決めようというのではないのです。ただ、私たち人吉市民の意思をたった一回表明しようとするささやかな願いなのです。

私は、最後の最後まで市長さんの心の中の善を信じていましたが、私たちの前で福永市長は、「人吉市民は純情なので、署名してくれと言われたら嫌とは言えない。私は、何でもかんでも数が多いからそっちということはない」また「慶応の同級生に笑われることだけはしたくない」とはっきり言われました。今でもこの言葉は、脳裏から離れません。

どうも市長は、私たち人吉市民を自立した人間と思ってないようです。多くの人吉市民より、一人の慶応の同級生の方が大切なようです。同級生とは一体、誰なのでしょうか。

教えて下さい。

住民投票を求める会の発足に際して、工藤会長と私は、市長宅に挨拶に行き、川辺川ダム建設促進協議会の会長をしている手前、ダムに慎重な意見は言いにくいでしょうが、人吉市民の意志を表明する機会を一度だけ与えてくださいとお願いしました。その時市長は「運動を粛々と進めて下さい」とおっしゃいました。

しかしながら、運動がいざ始まると私たちにとって市長は大きな壁となりました。本当に悲しいことでした。私の義父は、十四年前の福永市長誕生の立役者の一人でした。選挙長もしました。住民投票運動は市長にとっても、助け舟になると考えたのは、私の全くの錯覚でした。市長は、ダム本体建設を請け負うであろう大手ゼネコンにとって、本当に頼もしいかぎりの活躍でした。仮に、川辺川ダム建設になったならば、ダム建設の日本で最大の功労者は、福永市長でしょう。

大手ゼネコンは、ダム本体建設の本命企業になるため多額の費用をかけており、反対運動があっても簡単には放棄できない構図になっているらしい。そのため官僚、自民党代議士、市町村長とスクラムをくんであらゆる反対運動を阻止しようとするらしい。

自民党代議士にとって、地方では建設業界の力は強いようです。先に衆院選挙（熊本五区）で落選した矢上雅義氏（現在は相良村長・人吉市五日町）は「私が選挙区で対話した感触では、下流住民の八〜九割はダム反対だった。私も含めて多くの下流住民は、清流川辺川、球磨川を守りたい。自然をこれ以上壊したくないと思っている。郷土を愛する人は皆そうでしょう。

だが、五木村民の心情を思えば反対といえない。落とし所として治水専用の穴開きダムに規模を縮小し、水没予定地は、そのまま買収して河川公園化する案を出した。それでも建設業界も市町村長も、ほとんど私から離れていった。それが大きな敗因だった」と述べておられます。地方では建設業界を敵にしては選挙に勝てない構図になっているようです。

しがらみに縛られ、ダム促進を言い続けている地元の土建業者の中にさえ本心ではダム不要と思っている人も多いのも事実です。工事で地元が潤う、ダムで地域が活性化するといった甘い囁きに魅せられるようです。

もう、ダムの時代ではないのです。地元の土建業者の皆さんから、大橋下の中川原の撤去・掘削工事、これに伴う大橋のつけ替え工事、人吉橋周辺の灰久保町側の河川の掘削工事、繊月大橋下流薩摩瀬町側の河川の掘削工事、下薩摩瀬〜温泉町地区の護岸工事等の発案をしてほしいものです。これこそ、自然を守る地域密着型工事でないでしょうか。

私は、これらの河川改修工事と森林育成事業（緑のダム）で、人吉地区の治水は我々の納得いくレベルに達すると判断します。

川辺川ダム建設は遂に中止――人吉市長の大英断が実る

人吉市田野町　前田一洋

「この話ゃ、まだ未発表じゃっで誰ぇだり言うちゃならんばい。本当からここだけの話じゃっで、よかな。それぇしたっちゃ、俺ァ今度のごと人吉市長をば見直ぇた事ァなかった。さすがァ、一流の政治家がたあるばい」

私は、久しぶりに球磨川べりでお会いしたお諏訪大明神から、突然にそう話かけられました。

神様は、よほど興奮していらっしゃるご様子と見え、こちらが「暑かですなァ」とか「早う涼しゅうならんもんですどか」などと、通り一遍の挨拶を申し上げるのも聞かずに「ここだけの話」を始められたのでした。

「昔から、人は見かけにゃよらんて言うちゃあるいども、人吉市長がまさにそん通りじゃったたい。おまい共ァ、あの市長をば人の話も聞きゃきらんガンコもん、バックギアのいっくわた《こわれた》欠陥人間て思うとっど。市民の中にゃ、あ奴ァ市民ば食いもんにする悪徳市長てろん。どうせ、先々ゃ人吉にゃ住まじん、今のうちィ、ダムやらハコもんばかり作って銭儲けてえぇて、後は野となれゴミん山となれちゅうて、東京へんにはってきやっ《いってしまう》とじゃってて、嫌う人間も少のうどまな《すくなくない》かとげなで」

そういえば、住民が納得のいかないうちにゴミ処理場の建設に着工したり、あろうことか茂ヶ野の水源を無視して、バブル時代そっくりの開発を推進しようとしたりで、多くの市民から怨嗟の声が彷彿しているのです。

「実ァわしもたい、こないだまで、すぎゃァ《そうだと》てばかり思うてきたことじゃったと。そいどん実際ゃ、本当から心の優しか見上げた人物じゃったとばい、人吉市長さんな。そして今どきの政治家で、こしこ《これだけ》住民のことば真剣に考えてコトに当たる人は、日本広しといえど、そのよ《世》にゃおっなれん《いるわけがない》」

神様は、市長の人格の再認識に相当ショックを受けられたらしく、話がしどろもどろ。

そこで、不肖私がその要約をまとめさせていただくことになりました。

以下は、おなじみの球磨弁ではなく、通常の文体で読みづらい点もあろうかと思いますが、お諏訪大明神のムネのウチだとお考えいただき、どうかご容赦くださいますよう。

ところで、われわれ人間どもと神様とは、ある面で天地ほどの差異があるのをご存じでしょうか。それは「予知能力」の違いです。

人間のそうした力は、せいぜい晩酌をカァちゃんがシカめて出すか、ニコニコしながら二本ぐらいつけるかの予想程度でしょう。

しかし神様は、広大な社殿とか石の小祠などといったお住まいの如何にかかわらず、約二カ月先のことが判別できるのです。これこそ、まさに神業なのです。

その能力を使い人吉市長の全貌を解明されたというのです。その結果、世間の風評とはおよそ違った人物像が浮かび上がってきた次第。ではその一端をご紹介いたしましょう。


茂ヶ野水源の近くに、藍田財産区の土地を特定の業者に格安で払い下げ、ワイン工場などを建設する問題。もし、これが実現でもした日には、それこそ市民の生死にかかわる元凶となることは周知の通り。しかもこうした問題が、市議会でも取り上げられなかったというのです。市長も市長なら、市議会も市議会ですたい。全く呆れ果てた市政ではありませんか。そうした事実をただすため、藍田財産区の人が立ち上がりました。

その経過は、各種報道でご存じの通りなので省略いたしますが、神様の予知結果だけをご報告しておきましょう。まことに思いもかけない人吉市長の高邁なる配慮がキャッチされていたのです。

結果から申し上げましょう。藍田財産区の問題のすべては、全く市長のポーズだけであったのです。故意に、こうした問題を提案することによって、市民や議会がどう反応するか、それをじっくり観察しようとされたのでした。

考えてもごらんなさい、市民の生命を託している水源の近くに、そうした施設を作ればどんな結果になるか。保育園の子供にだって分かるはずです。もちろん、英邁な市長は早くから知っておられたのです。

実はもう一つ、川辺川ダムの件も申し上げておきましょう。これも人吉市長がワザと建設促進を標榜してこられただけのことだったのです。球磨川を中心にした観光が、最大の条件である清流をなくして成立しますか。こんなことぐらい三つ児にだってわかります。

しかし、そうした認識がどのくらい市民にあるのか。そして、市民を代表する議会の議員たちが、どの程度将来のことまで考え市政に当たっているか。さらには、こうした故郷を食い物にするような下賤のたぐいがいないかどうか。それを確認するために、市長は政治生命をかけて「促進」というポーズをとってこられたのでした。なんという犠牲的な精神に基づいた政治姿勢ではありませんか。

この結果、市長には貴重な判断材料が浮かび上がってきたのでした。

第一は、申すまでもなく「人吉の住民投票を求める会」による署名運動の結果です。本来なら六〇八人分でよいのに、あろうことか一万六七一一人もの人々が印鑑まで押して署名されたのです。この実数は、人吉の有権者の過半数を占めていることは申すまでもありません。つまり人吉の市民が市長の疑問に対し、はっきりと返答をしたのでした。

記者会見で市長は、「数によって考えは変わらない」と申されましたが、これも単なるポーズだけで、市民の声を無視などなさるはずがありません。まあ一種のポーカーフェイスで、なんともユーモアとウイット精神に満ちた素晴らしい市長ではありませんか。

第二の議員に対するテスト、これはもう火を見るよりも明らかです。どの人が故郷の将来まで考えて行動しておられるのか。ど奴が目先の利権やハシタ金に目がくらみ、市民を裏切る陣笠ちょろ丸どもなのか。

おそらく住民投票の是非を巡って論議される議会とその如何を票決する時、議員に対する市民の注目は厳しいものがあるでしょう。そして、その姿こそ次の選挙に大きく影響することは、申すまでもありません。

川辺川ダムの建設を中止した人吉市長の銅像。坂本福治作画

第三の、故郷を売る人間（以下）の者どもについては、もう市長さんのポーカーフェイスを伺うまでもありません。自分たちの生業を援けてきてくれた川を、補償金欲しさに叩き売るようなゲスども、もはや論外です。

このほかにも神様から聞いた未来の話は山ほどありますが、紙数の都合で以下カット。

それにしても、人吉市長の市政に対する姿勢をどう思われましたか。「今日を生かし、さらに未来を開いて行く政治」なんとも頼もしい限りではありませんか。

時あたかも、小泉内閣が真剣に取り組む構造改革。そこに国費ムダ使いの最たるダム建設を、中止へと進言する現地の市長。おそらく与党議員ばかりか、国家的な立場からも最大級の評価が与えられることでしょう。

もちろん地元では、再び出現しないであろう名市長の偉大な業績を顕彰し、立派な銅像と記念碑が建立されることは申すまでもありません。

最後になりましたが、これまで「ダム建設促進の中心人物」などと思い込み失礼の数々を申してきたこと、心よりお詫び致します。

どうか、市長さんにおかれましては末長い清流、そしてアユや球磨川下りを守ってやってください。残暑厳しい折りから、くれぐれもご自愛いただきますよう。

「神様、こっでよござんもすどか」

「まあ、文章はヘタくそじゃるいどん、読んでくんなる人たちがビンタの良かで、こらえてうっちょこたい。それぇしたっちゃ、おまい共ァ、良か市長さん持って幸せぞ」

（「週刊ひとよし」平成十三年八月二十六日）

希望と落胆

法アセスが可決されたとき
新しい流れを感じ
多くの市民は希望の光をみた

その六カ月後

住民投票が否決されたとき
民主主義とは何かと疑い
多くの市民は心から落胆した

付記
しかし、まだ戦いは終わっていません。いや、終わらせてはいけないのです。

環境アセスメント可決

人吉議会は、平成十三年三月二十六日午後九時五十五分、賛成十一、反対十の一票差で環境アセスメントを求める意見書を可決し、「早期着工」から「環境重視」へと大きく転換したのでした。

これまで「促進」のみを言いつづけていた議会の大きな転換でした。

私たち夫婦もこの議会を傍聴しました。前田保議員が、多くのしがらみを断ち切った結果、一票差で可決されたと思います。彼等十一名の勇気ある行動に称賛の拍手を送った市民は多かったと思います。

この瞬間、妻とともに本当に希望の光を見た感じがしました。そして住民投票を求める運動に勢いがつくと自信がもてたのでした。

賛成した議員

大柿長太、蓑毛正勝、上原義武、大竹厳、高瀬清春、村上恵一、立山勝徳、谷岡徳雄、窪田直弘、前田保、本村令斗

反対した議員

大王英二、岩井実、杉本仙一、山下幸一、本田せつ、杉本春夫、溝口幸治、下田代勝、田中照久、別府靖彦

犬童政頼議長（議長は採決に加われません）

意見第16号

川辺川ダム建設に関して、平成９年公布の環境影響評価法に基づき、八代海を含めた球磨川水系に対する環境影響調査の実施を求める意見書

国土交通省におかれましては、球磨川における河川環境整備を目的に、格別のご努力を賜り衷心より御礼を申し上げます。

さて、球磨川水系川辺川ダム計画は発表以来、３５年間を経過しようとしています。その間、人吉市議会ではこの問題を真剣に取り上げ、建設に際し慎重なる環境保全を関係当局に要望してきました。

また、平成１２年１２月議会におきましては、「漁業補償の話し合いによる解決を要望する意見書」および環境アセスメント実施を含む８項目の完全実施を求めて「川辺川ダム建設に伴う環境保全推進等についての意見書」を貴局に提出しました。

それ以来、有明海ノリ被害問題に端を発したかたちで２月１９日、ダム建設に反対する八代海の３７漁協約１５００人の組合員が決起集会に参加、川辺川ダム建設によって沿岸漁業に悪影響が出る可能性があるとし、国に対して着工延期と環境調査を要求しました。

しかも、２月２８日に開かれた球磨川漁業協同組合の総代会では、法的決議に必要な2/3以上の同意が得られず、川辺川ダム建設に伴う国土交通省との漁業補償契約の締結議案を否決しました。

また、熊本県３月議会におきましても、川辺川ダム建設問題の一般質問に対して潮谷義子知事は拙速に本体着工を進めるべきではないと答弁されております。

よって人吉市議会は以下の事項について強く要望して意見書を決議します。

記

1. 川辺川ダム建設に関しては、平成９年公布の環境影響評価法に基づき、八代海を含めた球磨川水系に対する環境影響調査を実施すること。

以上、地方自治法第99条の規定により意見書を提出いたします。

平成13年3月26日

熊本県人吉市議会

意見書提出先

可決された「川辺川ダム建設に関する環境影響調査の実施を求める意見書」

人吉臨時市議会は住民投票条例を否決

私たちは一万六七一一名（有権者の五五％）の署名を集め、ダム本体建設の賛否を問う住民投票条例を要求しましたが、平成十三年九月二十八日、住民投票条例は、十一対十の一票差で否決されました。

住民投票に期待した人吉市民は驚くべき数でした。そのささやかな希望までも認めようとしない、市長及び議員（十二名）には、郷土愛があるのだろうかと疑いたくなったのは、私一人だけでしょうか。民主主義は人吉にはないのでしょうか。

人吉市民の意思を表明するたった一回の機会さえ奪ったのです。この事実は永く人吉市史の汚点となるでしょう。

私は、一人の人吉市民として恥ずかしくなりました。

住民投票条例（九月二十八日臨時議会）に**賛成した議員**

上原義武、大竹厳、高瀬清春、村上恵一、立山勝徳、谷岡徳雄、窪田直弘、前田保、本村令斗、田中照久

反対した議員

多くの傍聴者、報道記者が注目するなか開催された臨時市議会

大王英二、岩井実、杉本仙一、山下幸一、本田せつ、杉本春夫、溝口幸治、下田代勝、別府靖彦、大柿長太、蓑毛正勝
犬童政頼議長（議長は採決に加われません）

人吉市議会が法アセス（環境アセスメント）実施の意見書を採択したのに、どうして住民投票条例は議会で否決されたのでしょうか。法アセス可決後、人吉市長は四月下旬から五月初旬に、市議会議員を訪ねてまわり、建設推進を表明する内容の文書に署名・捺印を求めていたことが明らかになりました。

市長が、署名を議員一人ひとりから取ろうとすることは、いわば議員に対する踏み絵であり、議会に対する干渉行為です。本村令斗議員らは常識では考えられないと強く市長に抗議しました。

憲法は、地方自治において首長主義を採用しています。首長主義というのは、首長と議員がそれぞれ住民によって直接選ばれるため、執行機関である首長と議事機関である議会との関係は、対等、平等であって、相互に干渉を排除しなければなりません。

五月二十二日の「熊日新聞」の中で、熊本大学法文学部で行政法が専門の中川教授は、「こうした市長の行動は、前例がないのではないか。憲法や地方自治法に規定された議会と執行機関の自立性、役割分担を損なう懸念がある」と指摘しています。

市長の活動が功を奏したのか、三月議会の環境アセスに賛成した議員の中で、大柿長太議員、及び蓑毛正勝議員が住民投票に反対しました。大柿地区の有権者の七割近くが、住民投票を求めたのでしたが、大柿出身の大柿議員は、住民投票に反対しました。「球磨川下り」の船頭の経験（船頭組合長も務めています）もあったので誰よりも、球磨川の大切さを知っていたにもかかわらず反対しました。その理由を多くの人吉市民は知っています。

福永市長がもし、中立を守ったならば、大差で住民投票条例は可決されていただろうと大方の人吉市民は感じていました。

日本では民主主義は未だ実現していないという、ウォルフレンの言葉は本当でした。

全国の皆様、いかに川辺川ダムは地域住民のために造られていないかということを、この本を読んで少しでも知ってほしいと思います。そして皆の力で川辺川ダム反対の世論を一層盛り上げましょう。川辺川ダム反対の運動はまだ終わってはいません。

「脱ダム宣言」は世界の流れ

環境破壊のためダム反対運動は、アメリカ・ヨーロッパで既に起こっている。ヨーロッパでは新規のダム建設は中止となり、アメリカでもティートンダムの決壊による、大洪水の経験や環境破壊・ダムの寿命による危険性を考えてダムのとりこわしがここ七年間で四九〇のダムに及んでいる。

さらに一九九八年のウィングスプレッド国際会議の提言では、「ある行為が人間の健康あるいは環境に悪影響を与えるおそれのある場合　たとえその因果関係が科学的に立証されなくても　中止または予防措置がとられるべきである」といっている。

事が起こってから手当をするのではなく、事前に悪影響が出ないように手を打っておこうという考え方が、世界の流れになりつつある。

国がダム中止どころか、法による環境影響評価（法アセス）さえも拒否するのは、全く時代に逆行している。

日本で初めて「脱ダム宣言」した田中長野県知事が七〇％近い県民の高支持を得ているのも、長野県民がダムによる環境破壊を危惧している証拠であろう。

この人吉でも世界の流れに従って「脱ダム宣言」をし、日本一の観光都市をめざそうではないか。市房ダム・瀬戸石ダム・荒瀬ダムをとりこわし、私たち自身も意識を改革し、生活排水の汚れを少なくしたり、リサイクルせっけんを作ったり、小さな積み重ねを日々実践し、豊かで美しい昔の球磨川を取り戻そうではないか。

そして、天野礼子氏の提言のように球磨川を、日本に例を見ない美しい川、世界でも屈指の川へと再生させその後、「世界（自然・文化複合）遺産」としてユネスコへ登録しようではないか。

『ダムと日本』（岩波新書）の著者の天野礼子氏は、二十一世紀の河川管理の主体は、市民でなくてはならないと国民の啓蒙に努めています。国土交通省も平成九年の河川法の改訂で、彼女の運動に影響をうけたのか「住民対話」や「環境重視」を法に取り入れています。川辺川ダムにもこの精神を忘れないでほしいと思います。

川辺川ダム本体工事に使う一千億円を、もっともっと有効に使う方法はないでしょうか。自然破壊をせずに、そして地域住民の納得した治水の方法を検討しようではありませんか。

緑のダムが回復し、そして河川改修の進んだ今日、それまでなら大洪水になっていたであろう、平成七年七月の記録的な豪雨でさえも、洪水を起こさなかったのです。

一、水害防備林の造成。

二、高規格堤防（堤防嵩上げを含む）。

三、遊水池による洪水調節。
四、河床掘削。
五、内水排除施設。
六、水害常襲集落に対する、家屋地盤の嵩上げ。
七、緑のダム（森林育成）。

これらの方法を組み合わせることで、我々の納得できる治水ができるとと確信します。国土交通省は代替案の一つひとつを否定しますが、私たちはどれか一つでダムにとって代わろうとしているのではなく、七に加えてそれぞれの地区で一〜六の方法を適切に組み合わせる方法でダムの代替案となりうると考えるのです。

国土交通省が漁業権を強制収用しダム本体着工を強行することは、民主主義国家ではあるまじき野蛮な行為と思います。

私たちは、この野蛮な行為を認めるわけにはいきません。潮谷知事もおっしゃられているように「住民との対話」を根気よく続けてほしいと思います。

子孫のためにも、美しい自然を残す選択肢はあると信じています。国土交通省の皆様、あなたたちも日本人なのですよ。良心と常識のある国民なのであると誇りと自信をもっていえる結論を出してほしいと願っています。

山（森）と川と海の循環

山が荒れれば海が荒れる
川が病めば海も病む
川が死ねば海も死ぬ

山（森）の元気は
川に元気を与え
海に元気を与える

山の森は雨水を貯え
豊かな美しい水をゆっくり吐き出し
川と海の生命を育む

川は山と海を結ぶ血管だ

そこを流れる水は血液だ
流れが止まると水は病む

山を守ろう、森を育てよう
水を守ろう、川を守ろう
そして、海を救おう

もう猶予はない
それが地球に生きる
我々の責任だ

川とは何か、そして人間社会との関わり

一、川は、森と海をつなぐものであり、森・川・海の繋がりが、私たち地球上に生をうけたものの生命の源である。
二、川は、水、土砂及び生物等を含めた物質循環の幹線である。
三、川は、流域の生物を育み、人間の暮らしと生産を支え、憩いとやすらぎを与えるなど、自然的、社会的、文化的な多面機能を有している。
四、川の恵みの享受は、現在の世代の希望を充たすのみならず、将来の世代の希望をも充たすものでなければならない。

（『二十一世紀の河川思想』天野礼子編・共同通信社）

この二十一世紀の河川思想と同じ考えで高場英二（人吉市寺町）さんら、球磨川水系ネットワークは、山（森）、川、海の再生を願って、球磨川・川辺川源流水リレーを行っています。

平成十三年は、八九〇人が水上村の球磨川水源から、八代市水島町の球磨川河口まで、

約一二〇キロをリレーしました。私たち夫婦も参加しました。

大昔から日本人は、山と川と海がつながっていることを識っていたからこそ、山中の川の側の祠にサンゴと鮑《あわび》をお供えしていました。自然に対する理解が、自然への謙虚さとして表現されていました。

現在に生きる私たちも、山と川と海のつながりを大切にし、自然への謙虚さを忘れたくないものです。

「森林の郷」として期待 ――潮谷熊本県知事に聞く

――熊本県の中の人吉・球磨の位置付け、期待するものを教えてください。

熊本県の森林面積の二七％を占める森林、そこから流れ出す日本三大急流の球磨川、人吉温泉などの豊かな自然、その自然の恵みによってもたらされる豊かな農林水産物や全国に名をはせる球磨焼酎、さらに相良七百年の歴史・文化など、人吉・球磨地域は多くの魅力的な地域資源を有しています。また、南九州交通の結節点（高速道路によって熊本、宮崎、鹿児島の県庁所在地から一時間程度でアクセス可能）でもあります。これらの資源を十分に活用するため、球磨地域振興局が住民や市町村とパートナーシップを図りながら人吉・球磨地域の振興に取り組んでおりますので、今後とも地域内外との多彩な交流をベースに個性的な地域づくりを進め、総合計画にもあります「森林の郷」としての発展を期待しています。

（「人吉新聞」平成十四年一月一日「新春インタビュー」より）

潮谷知事もおっしゃられているように、人吉・球磨の将来は、森林、川を含む豊かな自然を大切にし、その自然の恵みを更に有効活用する以外にはないだろう。人吉・球磨の最大の資源である豊かな自然を川辺川ダムによって破壊することは、愚か以外の何物でもないと思います。

福永人吉市長も、前回の市長選挙での公約に掲げた「日本復興のロマンは人吉から」と題する政策資料の中で、観光は、自然と歴史・森と水と霧」をテーマに「特に水にこだわりを持った観光開発を目指す」とし、「川を昔の姿にもどす・自然にもどす」とあります。すばらしい内容です。

公約を信じて投票した市民は多いのです。今こそ公約を実行するときです。もう躊躇する時間はありません。

小泉純一郎内閣総理大臣殿

拝啓、

小泉内閣総理大臣の誕生を心よりお慶び申し上げます。

小泉総理が「環境重視・自然との共生」さらには「国民との対話」を所信表明されたのをお聞きして希望がわいてきました。私の町、人吉では川辺川ダム建設の賛否で大きくゆれています。

福永市長はダム促進ですが、市民の約七割（市民の本心は九割かもしれません）は、ダム建設反対です。その理由は、

一、環境破壊を危惧している点。
鮎や川下りが人吉の観光の中心ですので、川の水の減少や汚れを心配しています。
地元の人は、市房ダムによる川の水の減少や汚れを既に経験しています。

二、昭和四十年の大洪水は、市房ダム放流が原因と信じている点。

洪水がおこった地域の人ほど、ダムに反対しています。
三、三十年前と農家の事情が変化して、水を必要としなくなった点。
農家の後継者が減少し、大がかりな利水を必要としてません。

ダム建設が環境に非常に悪い影響を与えることがわかってきた今日、これまでさまざまな理由でダム反対と素直に言えなかった多数の市民がようやく素直な気持ちを言える状況になってきました。

私たちも市長の支持者でしたが、今、市長と大多数の市民の考えのねじれがあります。最後の手段として、住民投票へ訴える事となりました。

潮谷義子熊本県知事も、住民との対話と環境重視をいっています。

国土交通省の、「何がなんでも建設する」という姿勢が心配でなりません。この公共工事は、既得権益を守る事業と思われてしかたありません。受益者の少ない無駄の公共事業と思われてしかたありません。川辺川ダムの見直しを、構造改革の第一歩にしてほしいと願っております。

国民の方へ向いた小泉総理の心の片隅にでもと考え、川辺川ダムのことを書きました。

御多忙を極める中、突然の御無礼を、お許し下さいませ。お体に呉々も気をつけられて、末永く日本をリードして下さい。

敬具

平成十三年五月吉日

熊本県人吉市蓑野町二六八
岐部明廣

追伸

平成十二年四月十七日、潮谷義子知事は、熊日のインタビューで「国が進める川辺川ダム事業について環境影響評価（法アセスメント）を実証すべきだ」と本心を語っておられます。平成十三年十二月十七日、朝日新聞のインタビューでは「今の動きを見ていると、川辺川の流域の首長と住民の考えは確かにズレてきていると思う。国が本当にダムが必要ということであれば、もっと大義を示していただきたい」とおっしゃっておられます。潮谷知事は、県民の心がわかっておられるようです。

感謝こめて——住民投票署名運動に積極的な活動をいただいた市民と受任者の皆様へ

人吉市の住民投票を求める会会長　人吉市鬼木町　**工藤益雄**

さて条例制定署名運動につきましては、大変なご協力をいただき、本当にありがとうございました。僅か二十二日の短期間で市有権者の過半数（署名実数一万七三八四名有効者数一万四六三五名）に上る賛同署名をもって、条例制定請求をいたしましたが、九月二十八日の市議会においてこれが否決されたことは、署名された市民の皆さんの意志を蹂躙する民主主義社会にあるまじき暴挙で、心から大きな怒りを覚えます。

ダム建設が自然環境の破壊や球磨川・川辺川の汚濁を始め、市民生活や人吉市の未来に取り返しができない重大な悪影響を及ぼすのではないか、ダム公害によって、美しく清らかな故郷人吉のイメージは壊れ、これを誇りとする市民のプライドまで奪われるのではないか、人吉市民最大の不安危惧はこの点にありますが、福永市長は深刻な市民の不安にはソッポをむき、住民投票運動は「闘争をあおり、世の中を混乱状態にする一部政党のやりかたに似ている」等、全く見当違いな悪評、水はいらないと訴訟している農民を尻目に、ダム建設が中止されれば農業が活性化しないだの、企業・商店の倒産不安があるだの、目先五～六年のあるか無いか分らぬ経済効果を固執した住民投票反対の意見書を付けて、議会提案を行いました。五木村や相良村民の心情を思いやり信義を守ると称して、何よりも肝心な人吉市民に応えなければならぬ、人吉市長の責任を放棄してしまっているのではないでしょうか。

署名活動ありがとうございました

鬼塚千秋（四六一）　岐部玲子（二三六）　佐東チヨキ（二二五）
緒方みどり（二二四）　高瀬弦子（一九七）　重松隆敏（一八三）
山本傳一（一五三）　赤池嗣矢（一四八）　中務千秋（一四八）
段村東亜（一二二）　川辺敬子（一二〇）　赤池幸子（一一九）
前村シズエ（一一八）　岐部明廣（一一七）　宮原平治（一一一）
山田貞彦（一一〇）　東慶治郎（一〇八）　徳澄正照（一〇五）
木下陽子（九十五）　本村令斗（九十一）　山下春男（八十）
本木雅巳（七十四）　丸尾二三子（六十四）　竹田卓哉（五十七）
富田恵喜（五十四）　馴田章（五十）　瀬戸致行（五十）

〔以上、敬称略（　）内は署名数〕

以上二十七名の方をはじめとして、本当に多くの市民が受任者として献身的に署名活動をしていただきました。
この活動は、たとえ住民投票は否決されたといえども、大きな意味があったと信じています。この場をかりて改めて、お礼申し上げます。

人吉市の住民投票を求める会

暖かい寄付金（合計七四〇万六三五九円）ありがとうございました。
岐部明廣、上原義武、工藤益雄、温泉旅館組合、瀬戸致行、竹田卓也、藤原宏、富田恵喜、外山敬次郎、高瀬清春、村上恵一、木下陽子、筌場一郎、丸尾隆喜、福島誠之、上原孝根、福田栄、川越郁子、中沢光春、梅木千鶴子、矢田富枝、大柿勝義、中務千秋、田尻信夫、佐東チヨキ、堀江亮太、坂本福治、七七会

（敬称略）

（以上、一万円以上の方）

これ以外にも多くの方のご協力で、署名活動は成功いたしました。心より、お礼申し上げます。

人吉市の住民投票を求める会

あとがき

川辺川本体工事の是非を問う、住民投票を求める運動をしながら、この事業は民意に基づいた計画でないということがわかりました。日本は民主主義国家と思っていましたが、まだまだ確立していないのが現実とわかりました。

三十六年前より「初めからダム有りき」で情報公開もなく、住民参加もなく、環境アセスメントもなく事業は進行しているのです。国土交通省の住民説明用の資料は、信憑性に問題ある内容や、ことさらダムのメリットのみが強調されて公平性に欠けています。

今後は「治水に関する客観性検討委員会」等でも国土交通省の影響を排除した全く独立した委員会でないと意味がないだろう思います。

川辺川ダムは、見直しになると確信しています。万一、漁業権を強制収用してダム建設が強行されるようならば、民衆の怒りは爆発するでしょう。そして、自由民主党は権力の座から落ちると思います。

川辺川ダムを教訓にして、今後の公共事業のあり方、公益性の確認の仕方、計画段階における住民参加・情報公開・公聴会や公開討論のあり方等、整備しておく必要があります。

今年一月二十三日に、カナダに住む一人の男性より「ダムによって大自然を破壊することは、タリバン政権がバーミヤンの大仏を破壊したのに何の違いがあろう。あなた方の故郷がいかに素晴らしい森林の都であるかを知らずに、ダム建設によってあなたの故郷の個性を失って欲しくないのです。

私の住んでいるカナダは大自然に恵まれ、子供は生き生きと成長している。国の政策は百年後、二百年後のために打ち出されている。なぜなら、カナダ人は、国の大自然や歴史は、現在の我々が独断で支配出来る所有物ではなくて、未来の子孫より一時的に借りている大切な宝物だということを知っている良心と常識のある国民なのである」とのメッセージをいただきました。私は一人の日本人として恥ずかしい気持ちになりました。私たち日本人も、良心と常識のある国民なのであると誇りと自信をもって言いたいものです。最後に編集において多くのアドバイスをして頂いた海鳥社の西俊明氏、川辺川・球磨川の写真を撮っていただいた外山胃腸病院の梅木千鶴子氏に感謝いたします。

平成十四年一月二十三日

岐部明廣

岐部明廣（きべ・あきひろ）
1950年　大分県国東半島生まれ
1974年　九州大学医学部卒業，九大第一外科入局後，九大医科系大学院（1979年卒），福岡赤十字病院，九州厚生年金病院，米国クリーブランド・クリニックなどをへて，現在，外山胃腸病院（人吉市南泉田町1番地）院長

川辺川《かわべがわ》の詩《うた》
尺鮎《しゃくあゆ》の涙《なみだ》

■

2002年４月15日　第１刷発行

■

編著者　岐部明廣
発行者　西　俊明
発行所　有限会社海鳥社
〒810-0074 福岡市中央区大手門３丁目６番13号
電話092(771)0132　FAX092(771)2546
印刷・製本　有限会社九州コンピュータ印刷
ISBN4-87415-383-6
[定価は表紙カバーに表示]
http://www.kaichosha-f.co.jp